幾何学の基礎をなす仮説について

ベルンハルト・リーマン
菅原正巳 訳

筑摩書房

はしがき

本書は，B. Riemann, "Über die Hypothesen, welche der Geometrie zu Grunde liegen" および H. Minkowski, "Raum und Zeit" の訳です．

リーマンの論文の来歴についてはワイルが書いておりますから重複を避けます．ミンコフスキーの講演は 1908 年 9 月 21 日ケルンにおける第 80 回自然科学者および医学者大会の席上でなされたものです．

リーマンの論文のテクストは，H. Weyl が Julius Springer から出版した本の第三版（1923）を用いました．この本の初版は 1919 年で，相対論の発表により，リーマン幾何が注目されだした結果出版されることとなったものと思います．この本にはワイルの序および解説がついているので併せて訳しました．リーマンの論文は貴重な古典として，脚註なぞをつけるべきではないのでしょうが，翻訳の際の誤解を恐れ，ごくわずかの脚註をつけました．ワイルの解説に対しては，難解と思われた場所もありましたので，かなり多くの脚註を入れました．ワイルの立派な解説があるのに，さらに私が解説を書き，リーマン幾何の説明までを加えましたが，蛇足であったかもしれません．

ミンコフスキーの講演のテクストは，B. G. Teubner から出版された "Das Relativitätsprinzip" の第四版（1922）を

用いました．この本はローレンツ，アインシュタイン，ミンコフスキー，ワイルの論文をいくつか選んで採録したものです．ミンコフスキーの講演にはゾンマーフェルトが註釈をつけていましたが，それを訳さずに，それに相当する脚註を簡単につけました．

　筆者の菲才により，消極的並びに積極的な誤りの多い事を恐れます．大方の叱正を賜らば，筆者の幸これに過ぐるものはありません．

　末綱恕一先生，小野勝次先生は原稿を御通読下さり，多くの誤りを訂正して下さいました．またテクストは末綱先生から拝借致しました．ここに厚く御礼を申し上げます．

　　昭和 17 年 4 月

　　　　　　　　　　　　　　　　　　　　　　　　菅原正巳

重版序

　この訳書は昭和16年の秋から，17年の初めにかけて翻訳をし，解説を書きました．日本が第2次世界大戦に突入する時期の前後です．そして昭17年暮に初版が，18年に再版が出ましたが，その後長い間絶版になっていました．

　このたび，およそ30年の歳月を距てて，この本がまた世に出ることになり，感慨にたえません．30年の間に，世の中も，私も，私の仕事の分野も変わりました．そこで，この本は古い形のまま，いっさい手を加えないで出すことにします．20年前であれば，少し手直しをしたい所があったのですが，今となっては少しばかり直したところで，形が崩れるだけのことでしょう．

　著名でありながら，多くの人々の目に触れる機会がきわめて少なかったこの古典（の旧訳）が，現在ふたたび世に出ることは，私にとって大きな喜びです．この翻訳は日米開戦を目前に控え，いつ死ぬか判らなかった，私の絶望的な青春の一つの燃焼であったからです．

　　昭和45年2月

菅原正巳

目　次

はしがき　3

重版序　5

幾何学の基礎をなす仮説について（リーマン）……9

ワイルの序　11

研究の方針　15

Ⅰ．「n重に拡がったもの」という概念　17

Ⅱ．n次元多様体に可能な量的関係　21

Ⅲ．空間への応用　31

摘要　36

解説（ワイル）　38

解説（訳者）　71

空間と時間（ミンコフスキー）……105

解説（訳者）　133

幾何学の基礎をなす仮説について

リーマン

ワイルの序

　リーマンが大学教師就任に際し，1854 年 6 月 10 日，ゲッチンゲン大学哲学部でなした試験講義「幾何学の基礎をなす仮説について」は，彼の死後にはじめてゲッチンゲン学会論文集第 13 巻に発表された．ロバチェフスキー，ボヤイは平行線の公準を採用せずこれを否定して，内部に論理的に矛盾のない幾何学を展開したが，その立場は原理的にはユークリッドを超えず，むしろユークリッド原本の模範に密接に結びついたものですらあった．その後リーマンのこの講義において，空間問題は新たなる真に一般的な見地から展開されることとなった．ファラデー，マックスウェルにより物理学，特に電気学において行なわれた，遠達作用から近接作用への移行と全く同様な進展が，ここにおいて幾何学にも生じたのである．すなわち世界を無限小における事態から理解しようという原理が実現されたのである．この同じ認識論的動機から，結局リーマンの函数論における壮麗な業績や，また彼の物理学的思索が生まれた．かくてリーマンが研究した多種多様の領域を通じて直ちに感ぜられる，彼の一生の業績の統一性はこれに基づいている．

ここに新たに出版するこの講演において，この偉大な数学者が展開した思想は，幾何学に対して遠大な意義をもつに至ったばかりでなく，今日においては，相対論の建設者アインシュタインがたとえ直接意識的にリーマンに影響されるところが少ないとはいえ，一般相対論の概念的基礎がこれによって据えられるために，特別の興味をそそるのである．この講演の最後の節における，数学以上の論議は，全く予言といわざるをえないほどの，驚くべき明確さをもって，アインシュタインの重力論の結論と一致するようなリーマンの空間論の物理学的結論の方向を指示している．それにしても，かかる重力との関係について，リーマンが何も知らなかったことは確かである．なぜなら，彼がこの試験講義と同じ頃行なった，「光，電気，磁気および重力の関係」を基礎づけようとした独自の試みが，この講演と内容的に全く無関係なのである（リーマン数学全集の付録における自然哲学に関する断片を参照 [2. Aufl. Leipzig 1892, S. 526-538]．教師就職の頃，次のように彼は一人の兄弟に書き送っている．「その後私はまた物理の基礎法則間の関係に関する研究に忙しく，それに深く入り込んでしまったので，コロキウムで試験講義の題目が私に与えられたときに，簡単にこれから抜けられそうにもありませんでした．」当時彼の頭脳で互いに邪魔をした二つのものは，今やお互いに最も密接に結びついたのである）．

　R. デデキント，H. ウェーバーによりリーマン全集が出版されて以来，彼の深い思想をもつ就職講演は一般に近づ

けるようになった．それにもかかわらず，私はその特別出版をしようという提案に対して大賛成であった．なぜなら事実私にとって，その表現に関してもまた驚嘆すべき傑作であるこの著述が，できるだけ多くの人々に行き渡ることが望ましく思われたからである．これは今日相対論に興味を持つすべての人々によって読まれるべきである．私は註釈を加えたが，そこにおいて，(1) リーマンが単に暗示したのみであった解析的計算は遂行され，(2) この問題に関して後に現われた最も重要な文献があげられ，(3) 相対論の名の下に行なわれつつある最近の発展との関係が述べられている．読みやすくするために本文と同じ大きさの活字が註釈に用いられたが，それを編者の僭越と考えないでいただきたい．重大な原理のみを知りたく，問題の細部を勉強したくない読者には，数式の多い説明によって読書の感興をそがれないことを，切に御勧めする．講演とともに掲げた摘要は脚註とともにリーマンによるものである．

　この著述が，その思想の生命を発展せしめるために，既にその出現以来十分になしたるごとく，さらにこの形において貢献をなさんことを！

　チューリッヒ　1919 年 5 月

　　　　　　　　　　　　　　　　　　　　　　　H. ワイル

幾何学の基礎をなす仮説について

研究の方針

　周知のごとく幾何学[1]においては，空間[2]の概念，および空間における幾何学構成に必要なる最初の基礎概念を，なにか与えられたものと仮定している．それらには単に有名無実な定義が与えられるのみで，本質的規定は公理の形式において現われる．これらの仮定の間の関係はその際不明なままに残されて，それらの結合がいったい必要なのか，またどの程度まで必要なのか，なお先験的にそれが可能なのかわからない．

　ユークリッドから，例えば近代の最も有名な幾何学の研究者であるルジャンドルに至るまで，数学者のみならずそれを問題にした哲学者も，この不明瞭さを闡明するに至らなかった．不明瞭さの原因はじつに「何重にも拡がったもの」(die mehrfach ausgedehnte Größe) という一般概念

---

1) 2次元および3次元ユークリッド幾何を意味する．
2) 空間の語は素朴な意味，または3次元ユークリッド空間の意味で用いられる．「ヒルベルト空間」のごとき用い方はしない．

（その中に空間の量も含まれる）が，全く研究されなかったことにあった．そこで私は「何重にも拡がったもの」という概念を，一般的な量の概念から構成することを問題にした．これから「何重にも拡がったもの」が何種類もの量的関係を有し得ること，したがって空間は「三重に拡がったもの」の特別の場合にしかすぎないことが導かれる．その必然的結果として，幾何学の定理は一般的な量の概念からは導かれないこと，および空間と他の可能な「三重に拡がったもの」との区別を示すごとき特性は，経験のみによって得られることがわかる．そこで空間の量的関係を定める最も簡単な事実を求める問題が起こる．しかしそれは事柄の性質上，完全には決まらない問題である．なぜなら，空間の量的関係を規定するに十分なる簡単な事実の組は幾通りもあるから．その中で現在の目的に対しては，ユークリッドが基礎としたものが一番重要である．これらの事実はすべての事実がそうであるように，必然的にではなく，単に経験的に確実であるに過ぎない．すなわち仮説である．したがって，たとえ観察の範囲内で非常に確実であるとはいえ，その確実性を問題にすることができ，よって観察の限界を超えて，測れないほど大きい場合や小さい場合に，それを拡張できるかどうかについてはなお考慮の余地がある．

I.「n 重に拡がったもの」という概念

これらの問題に関して，まず「n 重に拡がったもの」という概念の発展につき述べようとするにあたり，寛大なる御批判をお願いできるものと信ずる．なぜなら，私は論理的構成より概念それ自体に困難のあるこのような哲学的性格をもつ仕事には慣れていないし，そのうえガウスが平方剰余に関する二度目の論文，ゲッチンゲンの学会報告（Gelehrte Anzeigen），および記念論文において与えたごく短い暗示，ならびにヘルバルトの哲学的研究以外には，なんら従来の業績を利用できなかったからである．

1.

ある普遍概念が存在し，それに種々の規定の仕方が可能なるときに，はじめて量の概念が可能になる．かかる規定の仕方相互間において，ある仕方から他の仕方へ連続的に移れるか否かにしたがい，連続（stetig）または孤立（diskret）の多様体[3]（Mannigfaltigkeit）が生ずる．個々の規定の仕方を前者においてはこの多様体の点，後者においてはその要素（Element）と呼ぶ．その規定の仕方が孤立多様体を成すところの概念がたいそう多いことは，いくつ

---

3) この場合，集合（Menge）と同じ意味と考えてよい．

かのものが任意に与えられたとき，少なくとも多少文化的な言語においては，それらを包括する概念があることでわかる（したがって数学者は孤立したものを取り扱うときには躊躇なく与えられたものを同等であると見なすことができる）．それに反し，連続多様体を生ずるがごとき概念を創る動機は普通の生活においては稀で，感覚対象としての位置と色彩とがたぶん，その概念による規定の仕方が「何重にも拡がった多様体」を生ずる唯一の簡単な例であろう．かかる概念を創り，かつ展開せねばならぬ要求は高等数学に至ってはじめて頻繁に現われる．

ある特徴，またはある境界で区分された多様体の一定の部分を量域[4]（Quanta）という．量域の量は，孤立多様体の場合には数を数える[5]ことにより，連続多様体の場合には測定により比較する．測定の本質は比較するものを重ね合わせることにある．したがって測定には，あるものを標準にとり，それを他のもののところになんども持ってくる方法が必要である．これがないと2つの量域は，一方が他方の部分になっているときにしか比較できず，また大きいか小さいかがわかるだけで，何倍かということもわからない．かかる場合に関する研究は，量の決定とは無関係な，一般的な大きさに関する学問の一部を成していて，その場合には大きさは位置に無関係でなく，また単位を用いて測ることもできず，単に多様体の領域としてのみ考えること

---

4) 部分集合と同じ意味になる．
5) 要素の数は有限と限らぬから，この議論は不完全である．

ができる.かかる研究は数学のそうとう大きな部分,特に多価函数の研究に必要で,これが欠けていることこそ,有名なアーベルの定理や,微分方程式の一般論に関するラグランジュ,パッフ,ヤコービの業績が今日に至るまで成果を挙げえぬ主な原因である.しかしさしあたっての目的に対しては,「n 重に拡がったもの」という概念に含まれているもの以外には何も仮定しない一般論から,次の 2 点をとりあげれば十分である.すなわち第一は「何重にも拡がった多様体」という概念を創ることであり,第二は与えられた多様体における位置の決定を量の決定に還元することであって,かくして「n 重に拡がったもの」の本質的な特徴は判然となる.

2.

その規定の仕方が連続多様体を造る概念において,ある定まった仕方で一つの規定の仕方から他の規定の仕方に(連続的に)移っていくと,こうして出来た一連の規定の仕方は「一重に拡がった多様体」をつくる.それの本質的な特徴は,そこにおいては 1 点から連続的に移動するには,前に進むか,後に戻るかの 2 つしかできぬことにある.この多様体がさらにそれと全く相異なる他の多様体にある定まった仕方で移行すると考えると,すなわち多様体上のすべての点が他の多様体上のそれぞれ定まった点に移行すると考えると,かくして得られた規定の仕方の全体は「二重

に拡がった多様体」をつくる．「二重に拡がった多様体」を他の全く異なった多様体に定まった仕方で移す仕方を与えれば，同様にして「三重に拡がった多様体」ができる．かかる構成法をさらに継続できることは容易にわかる．概念が規定できるということの代わりに，対象を変域のように考えれば，この構成法は n 次元の変域と 1 次元の変域とから $(n+1)$ 次元の変域を合成する方法と考えることができる．

3.

こんどは逆に，なにか変域が与えられたとき，それを以前より低い次元の変域と 1 次元の変域とに分解する方法を示そう．その目的に対し，1 次元多様体の可変的部分を考え——それらはある定まった基点から測ることにより，その数値を互いに比較できる——それは与えられた多様体の各点に対応し，かつそれとともに連続的に変化する数値をもつとする．語を変えていえば，与えられた多様体の中で，場所の連続函数，しかも多様体の一部分で恒等的には定数にならぬものを仮定することになる[6]．かかる函数が一定値をとるような点の全体は，常に与えられた多様体より次元の低い連続多様体をつくる．この多様体は函数値を変えると連続的に相互間において移り変わる．したがって

---

6) かかる函数の存在は自明でない．一部分という語は不明瞭であるが，原多様体と同次元なる事を仮定して用いているのであろう．

その中の一つから他のものは出てくると考えてよい．さらに一般的にいえば，一つの多様体上の各点は，他の多様体上の一定の点へ移れることとなる．例外の研究は重大であるが，ここでは考えないでよかろう．かくして与えられた多様体における位置の決定は，一つの数値の決定と，低次元の多様体における位置の決定とに還元される．与えられた多様体が n 次元ならば，この多様体が $(n-1)$ 次元になることは容易にわかる．この手続きを n 回くり返せば，n 次の多様体において位置を決定することは，n 個の数値を決定することになり，これが可能な場合には，与えられた多様体における位置の決定は有限個の数値の決定に還元される．しかし，位置の決定が有限個の数値の決定には還元できず，位置の決定に対して無限個，または連続多様体を成すほど多くの数値の決定が必要になるような多様体も存在する．たとえば与えられた変域内の可能な函数を定めることとか，空間図形の可能な形を定めることとかは，かかる多様体をつくる．

II. n 次元多様体に可能な量的関係

　　　——曲線が位置に無関係に長さをもち，したがっていかなる曲線も任意の曲線を基準にして計量できるという仮定の下において

「n 重に拡がった多様体」の概念が構成され，その本質的

な特徴は，位置の決定が n 個の数値の決定に還元されることであるとわかった上で，先に掲げた問題の第二番目として，かかる多様体に可能な量的関係の研究，および量的関係を定めるに十分なる条件の研究が現われる．この量的関係は，抽象的な数量概念の中だけで研究され，したがって式だけで表わされる．それにもかかわらずある仮定の下において，その量的関係はそれぞれ幾何学的に表現可能な諸関係に分解され，したがって計算の結果の幾何学的表現が可能になる．それゆえ，確実な基礎を得るために，数式による抽象的な研究は避けられないが，しかし結果自体は幾何学的な衣装を着けることができる．両者とも，その基礎はガウスの有名な曲面についての論文に含まれている．

1.

量の決定には，量が位置に無関係となることが必要であって，それは種々の方法により可能である．ここで直ちに気がつく仮定は，それは私がこれから研究しようとするものであるが，恐らく曲線の長さが位置に無関係となり，したがってどんな曲線も任意の曲線を基準にして測定できるというものである．位置の決定が数値の決定に還元され，したがって与えられた n 次の多様体の点の位置が，n 個の変数 $x_1, x_2, x_3, \cdots, x_n$ で表わされたとすると，曲線を定めることは，量 x を一つの変数の函数として与えることと一致する．そこで問題は曲線の長さを数学的に表現すること

になり，その数学的表現のためには，量xが単位で表わせると考えねばならぬ．この問題をある制限の下において，すなわちまず曲線を制限し，そこではxの増分の組dx間の関係が連続的に変化する場合のみを取り扱ってみよう．そうすると曲線を要素に分解して考えることができて，各線素の中ではdx間の関係が一定だと見なしてかまわない．そこで問題は，すべての点に対し，その点から出る線素dsの一般的な，したがってxとdxを含む表現を求めることに帰着する．そこでさらに，線素の長さは2次の無限小を無視すれば，線素上のすべての点に無限小の変位を与えても不変に保たれるという第二の仮定を導入しよう．既にその中には，すべてのdxを同じ割合で大きくすれば，線素も全く同じ割合で変化するということが含まれている．この仮定の下において，線素はdxに関する任意の1次斉次函数となり，かつdxの符号をすべて変えても線素は不変となる．さらに任意定数はxの連続函数であってよい．最も簡単な場合を求めるために，まず線素の始点より等距離にある点の全体がつくる$(n-1)$次の多様体を表現する方法を求めよう．それにはそれらの多様体を区別する場所の連続函数を求めればよい．この函数は始点からすべての方向に向かって常に増大するか，または減少するかでなければならぬが，ここでは増大するものと仮定する．したがって始点において極小となる．ゆえにその1次及び2次微分係数が存在すれば，1次微分は零となり，2次微分は負数にならぬが，さらにそれが常に正数であると仮定す

る．この 2 次の微分は ds が不変ならば不変であるし，dx したがって ds がすべて同一の割合で変化すれば，その平方の割合で変化する．したがってそれは ds^2 の定数倍に等しく，結局 ds は dx に関する 2 次正値形式の平方根に等しくなる．ただし係数は x の連続函数となる．空間において点の位置を直交座標で表わせば，$ds = \sqrt{\sum (dx)^2}$ となる．したがって空間はこの最も簡単な場合に含まれている．その次に簡単な場合は，線素が 4 次の微分形式の 4 乗根として表わされる場合となるであろう．かかるさらに一般的な場合の研究も本質的には異なった原理を要しないであろうが，かなり面倒な上に結果が幾何学的に表現できないから，空間の研究にはあまり新しい光明を与えないであろう．したがって線素が 2 次の微分形式の平方根として表わされる多様体にのみ制限することにしよう．n 個の独立変数を新しい別の n 個の独立変数の函数に置き換えれば，この線素の表現を他の同様な表現に変換することができる．しかしこの方法により，任意の表現に変換するわけにはいかない．なぜなら，表現は $\frac{n(n+1)}{2}$ 個の係数を含み，それらは独立変数の任意の函数だから，新しい変数を導入しても n 個の関係を満足させられるだけで，したがって単に n 個の係数を与えられた量に等しくすることができるだけだからである．残った $\frac{n(n-1)}{2}$ 個の係数は，与えられた多様体の性質によって完全に定まるもので，したがって量的関係を定めるには $\frac{n(n-1)}{2}$ 個の場所の函数が必要となる．平面や空間のごとく線素が $\sqrt{\sum dx^2}$ の形になる多様体

は，ここで研究すべき多様体の特別の場合になっている．
それには特別に名前をつけた方がよいから，線素の平方が
独立変数の微分の平方の和になるごとき多様体を平坦
（eben）であると呼ぼう．上述の形式で表わされる多様体
全体を通じての本質的な特異性を知るためには，表現の仕
方に関係しているものを取り除くことが必要であって，一
定の原則に従って変数を選択することによりその目的は達
せられる．

2.

この目的のために，ある任意の点から出る最短曲線[7]の
全体が構成されたものと考えれば，一般の点の位置は，そ
れを通る最短曲線の始点における方向，および始点からの
距離で定まる．したがって最短曲線の始点における dx の
値なる dx_0 の比，および最短曲線の長さ s で点の位置は定
まる．さらに dx_0 の代わりにその適当な1次式 da を選び，
始点における線素の平方が da の平方の和で表わされるよ
うにする．したがって独立変数は da の比と s になるが，
さらに da の代わりに，da と比例し，かつ平方の和が s^2 に
等しくなる $x_1, x_2, \cdots, x_n$ を独立変数に選ぶことにする．
かかる量を導入すれば，x が無限に小さい場合には，線素
の平方は第一の近似において $\sum dx^2$ に等しく，さらに次位

---

7) ふつう測地線といわれる．2点を結ぶ最も短い曲線．さらに正
確には第1次変分が0に等しい曲線をいう．

の無限小の項は，$\frac{n(n-1)}{2}$ 個の量 $(x_1 dx_2 - x_2 dx_1)$, $(x_1 dx_3 - x_3 dx_1)$, … の2次の斉次式となる．したがって4次の無限小となり，$(0, 0, 0, \cdots)$, $(x_1, x_2, x_3, \cdots)$, $(dx_1, dx_2, dx_3, \cdots)$ を三項点とする無限小三角形の面積の平方でそれを割れば有限な量が得られる．この量は x と dx が定まった双1次形式を満足するとき，すなわち0から x に至る最短曲線と，0から dx に至る最短曲線とが一定の曲面部分の上にあるときには一定の値をとり，したがって位置と方向とのみに関係している．この量は与えられた多様体が平坦なとき，すなわち線素の平方が $\sum dx^2$ の形に変形できるときには，明らかに0となるから，この量をその点でその面の方向における多様体の平坦さからの歪曲と見なすことができる．この量の $-\frac{3}{4}$ 倍は，ガウスが曲面の曲率と呼んだものに等しい．かかる形式で表現された n 次元多様体の量的関係の決定には，$\frac{n(n-1)}{2}$ 個の場所の函数が必要であることがさきにわかったのである．したがってすべての点で $\frac{n(n-1)}{2}$ 個の方向への曲率が与えられると，これらの方向間に恒等的な関係がない限り（実際一般的にはかかることは起こらない），多様体の量的関係はかくて定まる．線素が2次の微分形式の平方根で表わされる多様体の量的関係は，かくして変数の選択に全く無関係な方法で表わされる．線素がもっと複雑に，たとえば4次の微分形式の4乗根で表わされるような多様体の場合にも，全く同様の方法でこの目的は達せられる．その場合には，線素は一般には微分の平方の和の平方根の形にならず，線素の平方の表

現において，平坦さからの歪曲が 2 次の無限小となることが，前の場合には 4 次の無限小であったのと異なっている（歪曲が 4 次の無限小で表わされる）．かかる多様体の特徴を，局所的平坦さ（die Ebenheit in den kleinsten Teilen）と言い表わしてもよい．現在の目的に対して最も重要なかかる多様体の特徴は，2 次元のかかる多様体の種々の関係が幾何学的には曲面で表現されること，および多次元の場合にはそれに含まれる曲面の表現に還元されることであって，これがあるがために今後はかかる多様体のみを研究することにする．それについてはなおいくらかの詳論を要する．

3.

　曲面を考える場合に，それに含まれる路の長さだけを問題にする内部的な量的関係と，その曲面外の点に対する位置とが常に一緒になっている．しかし曲面に含まれる曲線の長さを変えぬ変形，すなわち伸縮のない任意の屈曲を考え，その変形により相互に変わりうる曲面をすべて同等と見なせば，外的な関係を除外できる．そう考えれば，たとえば任意の柱面や錐面は平面と同等になる．なぜならこれらは平面を単に曲げるだけでつくられ，その際内部的な量的関係は変わらず，それに関する定理もすべてそのまま成立するからである．それに反し，これらは球とは本質的に異なり，球は伸縮なしには平面に変形できない．上の研究

によれば，曲面のごとく線素が2次の微分形式の平方根で表わされる2次元多様体の内部的な量的関係は，各点において，その曲率により特徴づけられる．曲面の場合には，その点における曲面の2つの曲率の積として，または最短曲線を辺とする無限小三角形の内角の和の2直角よりの超過を三角形の面積で割ったものとして，この量に直観的な意味を与えることができる．最初の定義においては，2つの曲率半径の積は曲面の単なる屈曲に対して変わらぬことを仮定しているし，二番目では，同一の点では無限小三角形の内角の和の2直角からの超過がその面積に比例することを仮定している．n 次元多様体において与えられた点，およびその点を通る与えられた曲面の方向への曲率の捉えやすい意味を求めるために，ある点から出る最短曲線は，始点における方向によって完全に定まるという事実を基にして出発しなければならない．それにより，与えられた点を出発点とし，与えられた面素に含まれる任意の方向を最初の方向とする最短曲線の全体を考えれば，一つの定まった曲面が得られるが，この曲面のこの点における曲率は，同時にもとの n 次元多様体のその点および方向における曲率なのである．

4.

空間について応用する以前に，平坦な多様体，すなわち線素の平方が完全微分の平方の和に表わせるような多様体

を一般的に考察する必要がある．

　平坦な n 次元多様体では，あらゆる点であらゆる方向に曲率が０である．しかし量的関係を定めるためには，すでに行なった研究によれば，各点において互いに独立な $\dfrac{n(n-1)}{2}$ 個の方向につき曲率が０であれば十分である．曲率が至るところ０である多様体は，曲率が至るところ一定な多様体の特別な場合と見られる．曲率が一定な多様体に共通な特徴は，その中で図形が伸縮なしに移動できることであるといえる．なぜなら，すべての点ですべての方向につき曲率が等しいということが成立しなければ，明らかにそれに含まれる図形を任意に移動，回転できぬし，また他方において，多様体の量的関係は曲率で完全に定まるから，定曲率の多様体においては，ある点におけるすべての方向への量的関係は，他の任意の点におけると全く同様になり，したがってどの点に関しても量的関係は同じ構造でできており，図形を任意の位置に動かすことができるからである．かかる多様体の量的関係は曲率の値のみで定まり，その値を α とすれば，解析的表現においては線素が次の形で表わせることとなる．

$$\dfrac{1}{1+\dfrac{\alpha}{4}\sum x^2}\sqrt{\sum dx^2}.$$

5.

　幾何学的説明には，定曲率の曲面を考察するのがよい．

曲率が正なる曲面が，必ず曲率の平方根の逆数を半径とする球の上に展開できることは容易にわかる．しかし定曲率の曲面全部を大観するためには，その中の一つを球の形にし，他のものをその球と赤道で接する回転面の形に与えるのがよい．この球より曲率の大なる曲面はその球に内側から接し，円環面の内側を取り去ったような形になる．それはそれより半径の小さい球帯の上にも展開できるが，そのときは1周以上回ることになる．与えられた球より小さい正の曲率をもつ曲面は，与えられた球より大なる半径の球から，2つの大円の弧で限られる月形の部分を取り去り，残りを切断線に沿って継ぎ合わせたものをつくれば得られる．曲率が0の曲面は赤道で接する円柱となり，負の曲率をもつ曲面はこの円柱に外側から接し，円環面の外側を取り去ったような形になる．空間が物体に対し，それを容れる場所であるように，定曲率の曲面を，その中で動き得る面分に対し，それを容れる場所と考えれば，かかる曲面上では面分は伸縮なしに動き得る．正の曲率の曲面は常に面分が屈曲なしに動けるように，すなわち球面の形にすることができるが，負曲率の場合はそうならない．面分が位置に無関係である以外に，曲率0の曲面では方向が場所に無関係となるが，これは他の曲面では成立しない．

III．空間[8]への応用

1.

　n 次元多様体の量的関係を決定する以上の研究により，曲線が位置に無関係なこと，および線素が 2 次の微分形式の平方根で表わされること，すなわち局所的平坦さが仮定されているときには，空間の量的関係を定めるに必要十分な条件が与えられる．

　それは第一には，すべての点で 3 方向における曲率が 0 であるとして表わされる．したがって三角形の内角の和が常に 2 直角となることによって，空間の量的関係は定まる．

　それに対し第二として，ユークリッドのごとく曲線が位置に無関係であるばかりでなく，立体も位置に無関係だと仮定すると，曲率が常に一定であるという結果になり，ある一つの三角形の内角の和が定まれば，すべての三角形の内角の和が決定する．

　最後に三番目として，長さが位置，方向に関係しないとする代わりに，長さと方向が位置に関係しないと仮定してもよい．この仮定によれば，変位や位置は 3 つの独立な単位で表わされる複合量となる．

　8）　物理学的現象空間を指す．

2.

　いままでの考察においては，拡がりまたは領域なる関係と，量の関係とがまず区別され，同一の拡がりについても種々な量の関係が考えられることがわかり，かくして空間における量の関係を完全に定め，すべての定理がその必然的結果として導かれるような，基本的な量を決定する体系が求められた．しかしこの仮定が経験によっていかにして，どの程度で，どの範囲まで保証されるかという問題が残っている．この点において，単なる拡がりの関係と量の関係との間には，本質的な差異がある．すなわち前者においては，考えられる拡がりの種類は孤立した多様体をつくり，経験の結果は完全に確実とはいえなくとも不精密ということがないのに対して，後者においては考え得る量の関係の種類は連続多様体をつくり，経験による決定は常に不精密で，単にそれが正しいという確からしさが大きいといえるだけである．かかる事態は，実験による決定を，観測の限界を越え測れないほど大きな場合または小さな場合に拡張する際に重要となる．なぜなら後者は観測の限界を越えるとますます不正確になるかもしれないが，前者はそうでないからである．

　空間の構成を測れぬほど大きな場合に拡張する際には，涯のないことと無限とを区別しなければならない．前者は拡がりの問題に属し，後者は量の問題に属する．空間が涯のない3重に拡がった多様体であるということは，外界を

認めるたびに用いられる仮定であって，現実的な観察の領域は常にこの仮定により補われ，求める対象の占め得る位置もこれにより構成され，こうして用いられることによりこの仮定は常に確かめられている．したがって空間に涯がないということは他の外的経験に比べてさらに大なる実験的確実さをもっている．しかし，これからは無限性が決して出てこない．それどころか，物体が位置に無関係なこと，すなわち空間の曲率が一定なことを仮定すれば，この曲率がたとえどんなに小さな正の値であっても，空間は必然的に有限となる．この場合，ある面素に含まれる方向を最初の方向とする最短曲線の全体を考えれば，こうして得られた面は正の定曲率をもち，涯がなく，平坦な3次元多様体中の球面の形となり，したがって有限となる．

3.

　測れぬほど大きい場合の問題は，自然界を説明するに対し，つまらない問題である．しかし測れぬほど小さい場合の問題はそれと全く異なる．現象間の因果関係の認識は，じつに我々が現象を無限小にまで追究する正確さに基くものである．自然界の力学的認識に関するこの1世紀間の進歩はほとんど，無限小を取り扱う解析学の発明，およびアルキメデス，ガリレオ，ニュートンにより発見され，現在物理学で用いられている単純な基礎概念により可能となった構成法の正確さのおかげである．かかる構成に必要なる

単純な基礎概念が未だに欠けている自然科学においては，現象を顕微鏡的微小部分にまで追究して，因果関係を求める．したがって測れぬほど小さい場合の空間の量的関係に関する問題は重要である．

　物体が位置と無関係に存在すると仮定すれば，曲率は至るところ一定となり，天文の測定によりそれが0とあまり異ならぬことが結論されるかもしれぬが，いずれにもせよ，その逆数に対応する面に比べると，我々の望遠鏡に見える範囲はごく小さなものでなければならぬ．これに反し，物体が位置に無関係でないとすると，全体的な量的関係から，局所的な関係を導くことができない．また計量可能な各空間部分において全曲率が著しく0と相違するのでなければ，各点において曲率が3方向において任意の値をとるし，線素が2次の微分形式の平方根になるという仮定が成立しなければ，さらに面倒な関係が現われ得る．空間で量を測定する際に基礎となる経験的概念である剛体と光線の概念は，無限小においては適用されぬように思われる．したがって無限小部分における空間の量的関係が幾何学の仮定に従わないことはおおいに考えられることであるし，そうすることによって現象がより簡単に説明されるならば，実際にそう考えなければならない．

　幾何学の仮定が無限小の部分においても適用できるかという問題は，空間の量的関係に関する内的な基礎の問題と関連する．空間論に属すると見なされるこの問題については，先に述べた注意が応用される．すなわち孤立した多様

体においては計量の原理は多様体の概念の中に既に含まれているのに対し，連続多様体の場合には別に付け加えなければならない．したがって空間の基礎をなす実在的のものが孤立した多様体をつくるか，または量的関係の基礎を空間以外に，物体間に働く結合力に求めなければならない．

この問題の決定は，ニュートンにより創られ，経験により確かめられた従来の現象把握の方法から出立し，それによっては説明できない事実に促され，次第にそれを修正していくことによって初めて得られるであろう．ここでなされたような一般的概念から出発する研究は，その仕事が概念の局限に妨げられず，また事物の間の関係の認識の進歩が伝統的偏見に妨げられない点において有用であろう．

これは科学の他の領域，物理の領域に入るが，それを論ずることは今日の機会においてはその性質上不適当であろう．

摘　要

研究の方針
I．「n重に拡がったもの」という概念[9]
　§1．連続および孤立多様体．多様体のある定まった部分を量域という．連続量に関する研究の分類
　　1．量が位置に無関係であるという仮定をせぬ，単なる領域に関する研究
　　2．量が位置に無関係であるという仮定のあるときの量的関係に関する研究
　§2．1重，2重，$\cdots$，n重に拡がった多様体の概念を創ること
　§3．与えられた多様体における位置の決定を量の決定に還元すること．n重に拡がった多様体の本質的特徴
II．n次元多様体に可能な量的関係[10]（曲線が位置に無関係に長さをもち，したがっていかなる曲線も任意の曲線を基準として計量できるという仮定の下において）
　§1．線素の表現．線素が完全微分の平方の和の平方根で表わされるごとき多様体は平坦であると呼ばれ

---

9) 第I章は位置解析のための準備にもなっている．（原註）
10) n次元多様体において可能な量の決め方についての研究は，現在の目的に対して十分であるというものの，じつはたいへん不完全である．（原註）

る
　§2. 線素が2次の微分形式の平方根で表わされる n 次元多様体の研究．与えられた点および与えられた面の方向における平坦さからの歪曲を示す量（曲率）．量的関係を定めるには，すべての点において $\frac{n(n-1)}{2}$ 個の方向につき曲率を適宜に与えることが必要かつ十分である（ある仮定の下において）
　§3. 幾何学的説明
　§4. 平坦な多様体（そこにおいては曲率は常に0である）は定曲率の多様体の特別の場合と見なされる．定曲率多様体は n 次元の図形がその中で位置に無関係に存在し得ること（伸縮なしに動かし得ること）によって定義してもよい
　§5. 定曲率の曲面
Ⅲ. 空間への応用
　§1. 幾何学で仮定されているがごとき，空間の量的関係を決定するに十分な事実の体系
　§2. 観察の範囲を越えて測れぬほど大きい場合には，経験的決定はどの程度まで適用されるか？
　§3. 測れぬほど小さい場合はどうか？　自然界説明とこの問題との関係[11]

---

11) 第Ⅲ章第3節には，なお改造およびさらに広い詳論が必要である．（原註）

解　説

H. ワイル

1. （第Ⅰ章について）

　近時精密な公理を基とし，連続多様体なる概念が数学解析に対し確実なる基礎を与え得るためには一般にいかなる性質を有すべきかが研究された[1]．連続体を原子的に個々の孤立した要素の体系として把握するのでなくて，反復分割により発生的に構成することに関しては，ブラウワーの論文[2]およびワイルの「数学の基礎の新しい危機について」[3]を参照されたい．n 次元多様体の特性として，最も簡単には，それが（または少なくともその十分小なる部分がいずれも）一対一連続に n 個の座標の組 x_i（x_i は多様体における場所の連続函数）に写像（abbilden）されるという要求が用いられる．かくのごとく多様体が座標系に関係づけられて，初めて多様体に関連する量が数値を与えることに

---

1)　Weyl, Die Idee der Riemannschen Flächen, Leipzig 1913, Kap. I, §4;
　　Hausdorff, Grundzüge der Mengenlehre, Leipzig 1914, Kap. VII, VIII.

2)　Brouwer, Math. Ann. Bd. 71, 1912, S. 97.

3)　Weyl, Über die neue Grundlagenkrise der Mathematik, Math. Zeitschr. Bd. 10, S. 77.

より特徴づけられる．座標系の任意さは，不変式論により支持され，また実際に任意の一対一連続変換に対する不変性が考察される[4]．特に次元数それ自身がかかる不変量なることが示されねばならない．さもないと次元概念は宙に浮いてしまう．この証明はブラウワーによってなされた[5]．量の決定に関するリーマンのさらに進んだ研究においては，多様体の内的性質[6]から，明らかに次のごとき座標概念の存在することを仮定している．すなわち任意の2つの座標系の間を関係づける函数は連続であるばかりでなく，連続に微分可能であり，かつ2つの座標系の座標の微分の間には一対一の1次関係が成立するという仮定であって，これがないと線素に関して何もいうことができない．この場合，次元数の不変性は自明であり，変換の函数行列式[7]は0でない．

リーマンの仕方と類似した次元数の帰納的説明で，座標の個数による「算術的」定義より直観的にはわかりやすいのをポアンカレが既に提案している[8]．この自然的な次元概念（適当な方法で厳密にされた）と算術的定義の間の関係はブラウワーにより研究された[9]．

---

4) かかる考察が位相幾何学の主要部分をなす．（訳者）
5) Brouwer, Math. Ann. Bd. 70, 1911, S. 161-165; Math. Ann. Bd. 72, 1912, S. 55-56.
6) 曲線の長さの定義に微分形式が用いられている．（訳者）
7) ヤコビアンまたはヤコビ行列式と呼ばれるもの．（訳者）
8) Poincaré, Revue de métaphysique et de morale. 1912, p. 486-487.（「科学と仮説」その他においても述べられている．訳者）

2. (第II章1について)

　ds^2 が 2 次微分形式になるという仮定は,明らかに無限小部分におけるピタゴラス定理の成立と同じことである.この仮定は可能なるものの中で一番簡単だというばかりでなく,他のすべてのものと比べて全く特別の仕方でめだっている.リーマンとともに計量可能な線素の仮定から出発すれば,多様体の一点 P における量の決定は,P におけるすべての線素(その成分を dx_i とする)に

$$ds = f_P(dx_1, dx_2, \cdots, dx_n) \qquad (1)$$

なる量を対応させることにより与えられる.変数 dx_i に共通な実数 ρ を掛けると f_P が $|\rho|$ 倍になるという意味において,f_P を 1 次の斉次函数と仮定せねばならない.多様体の各点は,量の決定に関しては異ならないと仮定するのがさらに自然であろう.これは各点 P に対応する f_P が,すべて 1 つの f から変数の 1 次変換により得られるとして,解析的に公式化される[10].$f_P{}^2$ が常に 2 次正値形式になる場合はこの条件に適合しており,f は次の形になる.

$$f = \sqrt{(dx_1)^2 + (dx_2)^2 + \cdots + (dx_n)^2} \qquad (2)$$

しかし f_P が場所の連続函数を係数とする 4 次式の 4 乗

---

9) Brouwer, Journal f. d. reine u. angew. Mathematik, Bd. 142, S. 146-152.
10) 座標に対し一対一連続微分可能な変数変換をすれば,微分形式は 1 次変換をうけるから,この公式化は適当である.(訳者)

根である場合は，一般的にはこの条件に適合しない．したがって空間問題を次のごとく公式化するのがよかろう．すなわち，函数 f の変数に 1 次変換を施して生ずるすべての函数の類を (f) と名づけ，空間内の各点 P において線素の量を定める式 f_P が常に類 (f) に属するとき，その計量空間を (f) 型と呼べば，1 次斉次函数の類 (f) にそれぞれある種類の幾何学が対応することになる．この空間の型は座標 x_i の選び方に無関係である．かかる種々の空間のうちで，函数（2）に対応するピタゴラス，リーマン型は唯一の特別なものである．いかなる内的基礎によって，この特別な事態が生ずるかが問題となる．

この問に対する満足な解答は，ヘルムホルツ，リー[11] の研究により初めて与えられた．それは次のごとくである．「n 次元多様体は次の意味において無限小運動可能性を許容する．すなわち，点 O を含む無限小立体は O の周りに自由に回転可能で，その際量の関係は一位の程度で不変に保たれ，かつかかる回転により O におけるある線素に任意の線方向を与えることができる．さらにその線素を含むある面素に，上述の任意の線方向を含む任意の面方向を与えることができて，これは同様にして $(n-1)$ 次元の要素ま

---

11) Helmholtz, Über die Tatsachen, welche der Geometrie zugrunde liegen, Nachr. d. Ges. d. Wissensch. zu Göttingen 1868, S. 193-221;
　　 Lie, Über die Grundlagen der Geometrie, Verh. d. Sächs. Ges. d. Wissensch. zu Leipzig, Bd. 42, 1890, S. 284-321.

で継続される．しかし，1次元から$(n-1)$次元までの要素の方向がいったん確定すれば，この立体はもはや動くことができない」．この回転は微分dx_iのある斉1次変換群をつくり，そしてこの群はある2次正値形式ds^2をそれ自身に変えるすべての1次変換[12]から成立しなければならぬことが結論される．したがって無限小運動可能性の要求は1) 同一点において測られた線素が互いに比較できるという事実，および2) 量dsに対しピタゴラスの定理が成立することを含んでいる．

相対論によって生じた新局面に十分対処しうる空間論の全く新しい解答はワイル[13]によって始められた．

各点における量の決定の仕方が，式(1)の意味において任意に与えられる空間の幾何学的研究は近時フィンスラー[14]によりなされた．

3. (第Ⅱ章2について)

線素が

$$ds^2 = g_{ik}dx_i dx_k, \qquad (g_{ik}=g_{ki}) \ [15] \qquad (3)$$

---

12) 合同変換群と呼ばれる．(訳者)

13) Weyl, Jahresbericht der Dtsch. Math.-Vereinig. 1923; Math. Zeitschr. Bd. 12, 1992, S. 114; „Mathematische Analyse des Raumproblems" Julius Springer.

14) Finsler, Über Kurven und Flächen in allgemeinen Räumen, Göttinger Dissertation 1918.

15) この式中のi, kのごとく，同一添字が二度現われる項に関しては和の記号を省略する．(x_iの代わりにx^iと記し，$g_{ik}dx^i dx^k$と上下に2度現われる添字に関し和の記号を省略するのが普通で

を満足するとき，古典的な変分法[16]により，与えられた多様体の2点A, Bを結ぶ曲線 $x_i = x_i(s)$ の長さが，A, Bを通るそれに十分近いすべての曲線中最短であるための，あるいは少なくとも定常的（すなわち第1次変分が0であること）であるための条件は次の方程式で与えられる．

$$\frac{d}{ds}\left(g_{ij}\frac{dx_j}{ds}\right) = \frac{1}{2}\frac{\partial g_{\alpha\beta}}{\partial x_i}\frac{dx_\alpha}{ds}\frac{dx_\beta}{ds}. \qquad (4)$$

ただしパラメーター s はある定点から測った曲線の長さ，またはそれに比例する量とする．したがって曲線に沿って(4)からも出てくるように次式が成立する．

$$g_{ik}\frac{dx_i}{ds}\frac{dx_k}{ds} = \text{const.} \qquad (5)$$

(4)の左辺は $\dfrac{\partial g_{i\alpha}}{\partial x_\beta}\dfrac{dx_\alpha}{ds}\dfrac{dx_\beta}{ds} + g_{ij}\dfrac{d^2 x_j}{ds^2}$ に等しい．この第一項を右辺に移項し，簡単のため

$$\frac{1}{2}\left(\frac{\partial g_{i\alpha}}{\partial x_\beta} + \frac{\partial g_{i\beta}}{\partial x_\alpha} - \frac{\partial g_{\alpha\beta}}{\partial x_i}\right) = \Gamma_{i,\alpha\beta}$$

なるクリストッフェルの三添字記号 $\Gamma_{i,\alpha\beta}$ を導入し，さらに $\Gamma_{i,\alpha\beta} = g_{ij}\Gamma^j_{\alpha\beta}$ により一意的に定まる $\Gamma^j_{\alpha\beta}$ を導入すれば，

あるが，リーマンの本文と一致させるために x_i と書いたのであろう．訳者)

[16] $\displaystyle\int_{t_0}^{t_1} F\!\left(t, x_i, \frac{dx_i}{dt}\right)dt$ の値を極値ならしめるがごとき t の函数 x_i は次の微分方程式を満足しなければならぬ．

$$\frac{\partial F}{\partial x_i} - \frac{d}{dt}\left(\frac{\partial F}{\partial x_i'}\right) = 0$$

これを Euler の微分方程式という．これは必要条件である．（訳者）

測地線の特性を示す次の方程式が成立する．

$$\frac{d^2x_i}{ds^2} + \Gamma^i_{\alpha\beta}\frac{dx_\alpha}{ds}\frac{dx_\beta}{ds} = 0. \qquad (6)$$

リーマンにより任意の点Oに対し導入され，$x_1, x_2, \cdots, x_n$ で表わされた「中心座標」はかくて次のごとく解析的に与えられる．まず，ある座標系のすべての座標 z_i が点Oで0になるとする．2次正値形式は常に一次変換により

$$\delta_{ik} = \begin{cases} 1 & (i=k) \\ 0 & (i\neq k) \end{cases}$$

なる係数をもつ標準形に直すことができるから，点Oにおける線素（3）の係数 g_{ik} は δ_{ik} であると最初から仮定してよい．したがって $ds^2 = \sum(dz_i)^2$ となる．方程式（6）を満足しOを始点とする測地線（$s=0$ に対し $z_i=0$）は，始点における微分係数の値

$$\left(\frac{dz_i}{ds}\right)_0 = \xi^i$$

により一意的に定まる．そのパラメーター表示を

$$z_i = \psi_i(s\,;\,\xi^1, \xi^2, \cdots, \xi^n)$$

とする ψ_i が $s\xi^1, s\xi^2, s\xi^3, \cdots, s\xi^n$ のみによって定まることは直ちにわかる．したがって

$$z_i = \varphi_i(s\xi^1, s\xi^2, \cdots, s\xi^n).$$

中心座標 x_i はかくして最初の z_i から次の変換によって得られる．

$$z_i = \varphi_i(x_1, x_2, \cdots, x_n).$$

中心座標の特徴は，それによると，ξ^i を任意の定数としたとき，s の1次函数

$$x_i = \xi^i s \qquad (7)$$

が方程式(5),(6)を満足することである[17]．さらにこの座標に対しては O において $ds^2 = \sum dx_i^2$ が成立する．したがって定数 ξ^i を今後とも $\sum(\xi^i)^2 = 1$ が満足されるごとくとれば，(7)を(5)に代入して

$$g_{ik}\xi^i\xi^k$$

は s に無関係となり，実際は $s=0$ のときの値 1 となる．さらに(7)を(6)に代入して

$$\Gamma^i_{\alpha\beta}\xi^\alpha\xi^\beta = 0. \qquad (8)$$

したがって x のいかんに関せず

$$g_{ik}x_i x_k = \sum x_i^2, \qquad (9)$$

$$\Gamma^i_{\alpha\beta}x_\alpha x_\beta = 0 \qquad (8')$$

---

[17]　曲線 $x_i = \xi^i s$ は旧座標では $z_i = \varphi_i(s\xi^1, \cdots, s\xi^n)$ で表わされるから測地線で，かつ s は曲線の長さに比例する．したがって(5),(6)を満足する．もちろん g_{ik}, $\Gamma_{i,jk}$ は新座標に適合するごとく変換されねばならぬ．(訳者)

が成立する．これからいくつかの結論を導いてみよう．

（8'）は次のように書き変えられる．

$$\Gamma_{i,\alpha\beta} x_\alpha x_\beta = 0.$$

すなわち

$$\left(\frac{\partial g_{i\beta}}{\partial x_\alpha} - \frac{1}{2}\frac{\partial g_{\alpha\beta}}{\partial x_i}\right)x_\alpha x_\beta = 0. \tag{10}$$

そこで $x_i' = g_{ij}x_j$[18) とおけば

$$\frac{\partial g_{i\beta}}{\partial x_\alpha}x_\beta = \frac{\partial x_i'}{\partial x_\alpha} - g_{i\alpha}$$

が成立し，したがって(10)の左辺は

$$= \left(\frac{\partial x_i'}{\partial x_\alpha}x_\alpha - x_i'\right) - \frac{1}{2}\left(\frac{\partial x_\alpha'}{\partial x_i}x_\alpha - x_i'\right)$$

$$= \frac{\partial x_i'}{\partial x_\alpha}x_\alpha - \frac{1}{2}\left(\frac{\partial x_\alpha'}{\partial x_i}x_\alpha + x_i'\right)$$

$$= \frac{\partial x_i'}{\partial x_\alpha}x_\alpha - \frac{1}{2}\frac{\partial(x_\alpha' x_\alpha)}{\partial x_i}.$$

しかるに（9）によれば $x_\alpha' x_\alpha = \sum x_\alpha^2$ だから，結局次式が成立する．

$$\frac{\partial x_i'}{\partial x_\alpha}x_\alpha - x_i = \frac{\partial(x_i' - x_i)}{\partial x_\alpha}x_\alpha = 0.$$

これに（7）を代入すれば

$$\frac{d}{ds}(x_i' - x_i) = 0$$

---

18) x_i, x_i' の代わりに x^i, x_i と書くのが普通である．（訳者）

が成立し，$s=0$ において $x_i'-x_i=0$ なるゆえ，任意の x に対し次の簡単な結果が成立する．

$$x_i' = g_{i\alpha}x_\alpha = x_i. \tag{11}$$

これをさらに x_k で微分して

$$\frac{\partial g_{i\alpha}}{\partial x_k}x_\alpha = \delta_{ik} - g_{ik}. \tag{12}$$

この左辺は，i, k につき対称だから

$$\frac{\partial g_{i\alpha}}{\partial x_k}x_\alpha = \frac{\partial g_{k\alpha}}{\partial x_i}x_\alpha. \tag{13}$$

(12)に x_k または x_i を掛け，それぞれ k または i につき加え，さらに(11)を用いれば

$$\frac{\partial g_{i\alpha}}{\partial x_\beta}x_\alpha x_\beta = 0, \tag{14}$$

$$\frac{\partial g_{\alpha\beta}}{\partial x_i}x_\alpha x_\beta = 0. \tag{14'}$$

かくして最初の式(10)は2つの部分に分解される．

次に線素の係数 g_{ik} の O の近傍における冪級数展開を考察しよう．

$$g_{ik} = \delta_{ik} + c_{ik,\alpha}x_\alpha + c_{ik,\alpha\beta}x_\alpha x_\beta + \cdots$$

ただし $c_{ik,\alpha}$, $2c_{ik,\alpha\beta}$ はそれぞれ $\dfrac{\partial g_{ik}}{\partial x_\alpha}$, $\dfrac{\partial^2 g_{ik}}{\partial x_\alpha \partial x_\beta}$ の O における値である．リーマンはここにおいて1次の項が消えることを主張している．それは(14')から導かれる．すなわち(14')に $x_i = \xi^i s$ を代入し，因子 s^2 を除けば s のいかんに関

せず常に
$$\frac{\partial g_{\alpha\beta}}{\partial x_i}\xi^\alpha\xi^\beta = 0$$
が成立する．そこで $s=0$ にすれば，ξ は任意の数でよいのだから，$\frac{\partial g_{\alpha\beta}}{\partial x_i}$ が 0 で 0 になるという期待された結果が得られる．次に $\frac{\partial g_{\alpha\beta}}{\partial x_i}\xi^\alpha\xi^\beta=0$ を s で微分して $s=0$ とおけば次の関係式が得られる．

$$c_{\beta\gamma,\alpha i}+c_{\gamma\alpha,\beta i}+c_{\alpha\beta,\gamma i} = 0.$$

(14)につき同じ計算をすれば次式が得られる．

$$c_{i\alpha,\beta\gamma}+c_{i\beta,\gamma\alpha}+c_{i\gamma,\alpha\beta} = 0. \tag{15}$$

後式の i と γ を取り換え，前式から減ずれば，結局次の対称条件が得られる．

$$c_{ik,\alpha\beta} = c_{\alpha\beta,ik}. \tag{16}$$

ds^2 の冪級数展開においては 0 次の項は

$$[\mathbf{0}] = \sum dx_i^2$$

となり，1 次の項はなく，2 次の項は次の形となる．

$$[\mathbf{2}] = c_{ik,\alpha\beta}x_\alpha x_\beta dx_i dx_k. \tag{17}$$

リーマンはさらに $[\mathbf{2}]$ が量 $x_i dx_k - x_k dx_i$ の 2 次形式となると主張している．無限に小さい x_i に対して，調和を保つために δx_i を用いれば

$$\delta x_i dx_k - \delta x_k dx_i = \varDelta x_{ik} \tag{18}$$

なる量は，δx_i および dx_i なる2つの線素が点 O において張る（平行四辺形状の）面素を表わす．変数 $\varDelta x_{ik}$ の2次形式は一意的に次の形に書かれる[19]．

$$\varDelta \sigma^2 = \frac{1}{4} R_{\alpha\beta,\gamma\delta} \varDelta x_{\alpha\beta} \varDelta x_{\gamma\delta}. \tag{19}$$

ただし，係数 R の間には次の付加条件がなければならぬ．

$$\left.\begin{array}{l} R_{\beta\alpha,\gamma\delta} = -R_{\alpha\beta,\gamma\delta}, \quad R_{\alpha\beta,\delta\gamma} = -R_{\alpha\beta,\gamma\delta}; \\ R_{\alpha\beta,\gamma\delta} = R_{\gamma\delta,\alpha\beta}; \\ R_{i\alpha,\beta\gamma} + R_{i\beta,\gamma\alpha} + R_{i\gamma,\alpha\beta} = 0. \end{array}\right\} \tag{20}$$

[**2**] を (19) の形にするには，関係式 (15)，(16) が必要である．それを用いれば，$c_{ik,\alpha\beta}$ は次のごとく書き変えられる．

$$\left.\begin{array}{l} \dfrac{2}{3} c_{ik,\alpha\beta} \\ + \dfrac{1}{3} c_{ik,\alpha\beta} \end{array}\right\} = \left\{\begin{array}{l} \dfrac{1}{3}(c_{ik,\alpha\beta} + c_{\alpha\beta,ik}) \\ -\dfrac{1}{3}(c_{i\alpha,\beta k} + c_{i\beta,k\alpha}). \end{array}\right.$$

この $c_{ik,\alpha\beta}$ の値を (17) に代入し，さらに第三項目の $c_{i\alpha,\beta k}$ の

---

[19] $\varDelta\sigma^2 = \dfrac{1}{4} R_{\alpha\beta,ik} \varDelta x_{\alpha\beta} \varDelta x_{ik} = 0$，かつ $R_{\alpha\beta,ik}$ が (20) を満足すれば $R_{\alpha\beta,ik} = 0$ なることを証明すればよい．

$$\delta x_\alpha = \delta x_i = h, \qquad \delta x_\beta = \delta x_k = k,$$
$$dx_\alpha = dx_i = h', \qquad dx_\beta = dx_k = k'$$

それ以外をすべて 0 と置けば，$\varDelta\sigma^2 = 2(R_{\alpha\beta,ik} - R_{\alpha k,\beta i})(hk' - h'k)^2$．任意の h, k, h', k' に対し $\varDelta\sigma^2 = 0$ なるゆえ，$R_{\alpha\beta,ik} = R_{\alpha k,\beta i}$．同様にして $R_{\alpha\beta,ik} = R_{\alpha i,k\beta}$．しかるに $R_{\alpha\beta,ik} + R_{\alpha i,k\beta} + R_{\alpha k,\beta i} = 0$ なるゆえ $R_{\alpha\beta,ik} = 0$．（訳者）

i と k を交換する．(19)にしたがって係数

$$R_{\alpha\beta,\gamma\delta} = c_{\alpha\gamma,\beta\delta} + c_{\beta\delta,\alpha\gamma} - c_{\alpha\delta,\beta\gamma} - c_{\beta\gamma,\alpha\delta} \tag{21}$$

をもつ $\Delta\sigma^2$ をつくれば，この係数は条件(20)を満足し，かくして次式が成立する．

$$[2] = -\frac{1}{3}\Delta\sigma^2.$$

近時，リーマン多様体におけるベクトルの無限小平行移動を用いて，リーマン曲率の幾何学的意味が，非常に自然的かつ直観的に構成された．O における面素の周囲を一周してベクトルを平行移動させたとき，ベクトルの微小回転は次のごとくに表わされる（成分 ξ^i なるベクトル $\mathfrak{x}$ の増分を $\Delta\mathfrak{x} = (\Delta\xi^i)$ とする）．

$$\Delta\xi^i = -\Delta r^i{}_k \xi^k.$$

$\Delta r^i{}_k$ はベクトル $\mathfrak{x}$ と無関係で，ベクトルの一周路が囲む面素の成分 Δx_{ik} の1次式となる．

$$\Delta r^i{}_k = \frac{1}{2} R^i_{k,\alpha\beta} \Delta x_{\alpha\beta}.$$

この考え方から次の式が導かれる．

$$R^\alpha_{\beta,\gamma\delta} = \left(\frac{\partial \Gamma^\alpha_{\beta\delta}}{\partial x_\gamma} - \frac{\partial \Gamma^\alpha_{\beta\gamma}}{\partial x_\delta} \right) + (\Gamma^\alpha_{\rho\delta}\Gamma^\rho_{\beta\gamma} - \Gamma^\alpha_{\rho\gamma}\Gamma^\rho_{\beta\delta}) \tag{22}$$

したがって微分形式 $\Delta\sigma^2$ は

$$R_{\alpha\beta,\gamma\delta} = g_{\alpha\rho} R^\rho_{\beta,\gamma\delta} \tag{22'}$$

を係数とする不変量となる．中心座標においては，点Oにおける g_{ik} の1次微分係数は0になり[20]，$\Delta\sigma^2$ の係数 R は(21)の形となるゆえ，この R はリーマンの曲率と一致する．線素 δ および d が張る無限小平行四辺形（リーマンは平行四辺形の代わりに三角形を用いた）の面積の平方 Δf^2 も同様に変数 Δx_{ik} の2次形式で与えられ，実際，任意の座標系に対し次のごとく表わされる．

$$\Delta f^2 = \frac{1}{4}(g_{\alpha\gamma}g_{\beta\delta} - g_{\alpha\delta}g_{\beta\gamma})\Delta x_{\alpha\beta}\Delta x_{\gamma\delta}. \text{[21]}$$

比 $\dfrac{\Delta\sigma^2}{\Delta f^2}$ は Δx_{ik} の比のみに関係する量で，リーマンにしたがい，成分 Δx_{ik} なる面素の方向への多様体の曲率と呼ばれる．

リーマンの曲率論は，クリストッフェル，リプシッツ[22]により初めて解析的に遂行された．リーマン自身これに関する計算をパリのアカデミーに提出した論文において展開したが，その論文は入賞せず，したがって出版されなかった．これは後にデデキント，ウェーバーにより全集に収められて世にでて優れた註釈が添えられている．計量多様体

---

20) したがって Γ^i_{jk}，$\Gamma_{i,jk}$ は0となる．（訳者）

21) 線素 $d\mathfrak{x}$，$\delta\mathfrak{x}$ のなす角を θ とすれば
$$\Delta f^2 = |d\mathfrak{x}|^2|\delta\mathfrak{x}|^2\sin^2\theta = |d\mathfrak{x}|^2|\delta\mathfrak{x}|^2(1-\cos^2\theta)$$
$$= (g_{\alpha\gamma}dx_\alpha dx_\gamma)(g_{\beta\delta}\delta x_\beta \delta x_\delta) - (g_{\alpha\delta}dx_\alpha \delta x_\delta)(g_{\beta\gamma}dx_\beta \delta x_\gamma)$$
$$= (g_{\alpha\gamma}g_{\beta\delta} - g_{\alpha\delta}g_{\beta\gamma})dx_\alpha \delta x_\beta dx_\gamma \delta x_\delta$$
$$= \frac{1}{4}(g_{\alpha\gamma}g_{\beta\delta} - g_{\alpha\delta}g_{\beta\gamma})\Delta x_{\alpha\beta}\Delta x_{\gamma\delta}.$$（訳者）

22) Journal f. d. reine u. angew. Mathematik, Bd. 70, 71, 72, 82.

における不変式論は特にリッチ,レヴィ゠チヴィタ[23]により建設された.最近アインシュタインの相対論の影響により,この研究は再びとりあげられた.この研究がすなわち無限小平行移動なる基礎概念の成立に導いたのである[24].

4. (第Ⅱ章3について)

2次正値の微分形式 ds^2 により量が定まる計量多様体を,リーマン多様体という.ガウスにより始められた通常の曲面論との関係は,3次元ユークリッド空間内の曲面が上述の意味で(2次元)リーマン多様体であることにより与えられる.その根拠はユークリッド空間が一種のリーマン多様体であることのみに存する.一般に n 次元リーマン多様体の計量の仕方は,それに含まれるすべての m 次元多様体($1 \leq m \leq n-1$)に伝わり,それらもまたリーマン計量をもつことになる.n 次元「空間」の点は n 個の座標 x_i により,m 次元「曲面」は m 個の座標 u_k により表わされると考えてよい.曲面は

---

23) Méthodes de calcul différential absolu, Math. Annalen, Bd. 54, 1901, S. 125-201.

24) Levi-Civita, Nozione di parallelismo in una varietà qualunque..., Rend. d. Circ. Matem. di Palermo, Bd. 42 (1917);
Hessenberg, Vektorielle Begründung der Differentialgeometrie, Math. Annalen, Bd. 78 (1917);
Weyl, Raum, Zeit, Materie, 5. Auflage (Berlin 1923);
J. A. Schouten, Die direkte Analysis zur neueren Relativitätstheorie, Verhand. d. K. Akad, v. Wetensch. te Amsterdam, XII, Nr. 6 (1919).

$$x_i = x_i(u_1, u_2, \cdots, u_m) \quad (i=1, 2, \cdots, n)$$

なるパラメーター表示で表わされ，この式は曲面上の任意の点 u が，空間のどの点に一致するかを与える．この式から得られる微分

$$dx_i = \frac{\partial x_i}{\partial u_1}du_1 + \frac{\partial x_i}{\partial u_2}du_2 + \cdots + \frac{\partial x_i}{\partial u_m}du_m$$

を空間の計量基本形式 ds^2 に代入すれば，曲面の計量基本形式（線素を表わす）として du_k の2次正値基本形式が得られる．ユークリッド空間においては，その中の可能な曲面におけるより，はるかに多くの特性があらかじめ仮定されている．すなわちユークリッド空間は平坦であるのに対し，リーマン多様体の概念は，かかる不調和が完全に消失するのにちょうど必要なだけの一般性をもっている．

3次元ユークリッド空間のデカルト座標を x, y, z としたとき，曲面

$$x = x(u_1, u_2) \qquad y = y(u_1, u_2) \qquad z = z(u_1, u_2)$$

に関する理論の基礎を，ガウスに従い次の2つの微分形式に置く．

$$\begin{aligned}ds^2 &= dx^2 + dy^2 + dz^2 = \sum_{i,k=1}^{2} g_{ik} du_i du_k, \\ -(dxdX + dydY + dzdZ) &= \sum_{i,k=1}^{2} G_{ik} du_i du_k.\end{aligned} \quad (23)$$

X, Y, Z は法線の方向余弦である．無限小曲面部分 do 上

のすべての点における法線と平行な直線を定点を通って引けば,これらはある立体角 $d\omega$ を満たす. do が一点に収斂するとき比 $\dfrac{d\omega}{do}$ の極限がこの点における曲面のガウスの曲率である.それは解析的に両基本形式の判別式の比として与えられる.

$$K = \frac{G_{11}G_{22}-G_{12}{}^2}{g_{11}g_{22}-g_{12}{}^2}$$

ガウスの曲率が曲面上の幾何のみに関係し,それを含む空間のようすに関係しないこと,詳しくいえば,リーマンにより「線素が(23)で与えられる2次元計量多様体の曲率」と呼ばれた量と K とが一致し,かつ公式(22)から計算されることは,どの曲面論の教科書[25] にもでている.

測地三角形による,2次元多様体のリーマン曲率の直観的意味づけは,上述のベクトルの無限小平行移動に基づく説明の特別な場合として,最も明瞭に理解される.2次元多様体の一点Pから放射する ∞ 個の方向を刻んだ羅針盤を,羅針盤の中心Pを通るある閉曲線 $\mathfrak{C}$ に沿って平行移動させると,始点Pに戻っても羅針盤は最初の位置に戻らず,ある角だけ回転している.この角は前述の曲率の自然的定義から直接導かれるごとく,曲線 $\mathfrak{C}$ に囲まれた領域につき曲率を積分したものである. $\mathfrak{C}$ として測地三角形をとり,測地線の特性がその方向の変わらぬ点にあることに注

---

25) たとえば W. Blaschke, Vorlesungen über Differentialgeometrie I, Julius Springer, 1921, S. 59, S. 96.
(窪田『初等微分幾何学』岩波全書,102頁,147頁,訳者).

意すれば，本文に述べられているガウスによる意味づけが結論される．

最後に O を発し，かつ O においてある面方向 Δ に含まれる方向を有するすべての測地線がつくる 2 次元測地曲面の曲率が，点 O，面方向 Δ における空間の曲率と等しいことは，次のごとくはなはだ簡単に証明される．x_i を点 O に属する中心座標とすれば，上述の測地曲面は「その上の点の x_1, x_2 以外の座標値がすべて 0 となる面」として特徴づけられる．g_{ik} の微分係数，したがって $\Gamma^i_{\alpha\beta}$ はすべて O で 0 となり，さらに g_{ik} は δ_{ik} なる特殊値をとるゆえ，公式 (22) により空間曲率 $R_{12,12}$ は g_{11}, g_{12}, g_{22}（の第 2 次微分係数）のみに関係し，他の g_{ik} はその表現中に現われぬことが直ちにわかる．

5. （第 II 章 4 について）

ある多様体を

$$ds_0{}^2 = dx_1{}^2 + dx_2{}^2 + \cdots + dx_n{}^2$$

が成立するデカルト空間に写像し，かつ O をデカルト空間の座標原点に写像したとき，多様体の線素 ds と，それに対応するデカルト空間の線素 ds_0 との長さの比 $\dfrac{ds}{ds_0}$ が 1) デカルト空間において原点から等距離 r なる位置にあり（$r^2 = x_1{}^1 + x_2{}^2 + \cdots + x_n{}^2$）かつ放射方向に向くすべての線素 ds_0 に対して，および 2) 同じくデカルト空間の原点から r の距離にあり，かつ接線方向，すなわち放射方向と直角に

向くすべての線素 ds_0 に対して，それぞれ一定値をとるならば，多様体は O において中心 (Zentrum) を有すると称する．それは解析的には，ds^2 が2個の直交変換に対する微分不変式

$$dx_1{}^2+dx_2{}^2+\cdots+dx_n{}^2, \quad (x_1dx_1+x_2dx_2+\cdots+x_ndx_n)^2$$

の1次式になること，すなわち

$$ds^2 = \lambda^2 \sum_{i=1}^{n} dx_i{}^2 + l\left(\sum_{i=1}^{n} x_i dx_i\right)^2$$

が成立することを示す[26]．ここに λ, l は r のみに関係する係数である．接線方向への拡大率は λ で，放射方向への拡大率 h は $h^2=\lambda^2+lr^2$ により定まる[27]．明らかに，$\lambda=1$ となるごとく r を定めることができる．それに対しては

$$ds^2 = \sum_{i=1}^{n} dx_i{}^2 + l\left(\sum_{i=1}^{n} x_i dx_i\right)^2. \tag{24}$$

かかる x_i において

---

26) ベクトル $\mathfrak{x}$, $\mathfrak{y}$ が直交変換を受けるとき不変に保たれる x_i, y_i の函数が $\sum x_i{}^2$, $\sum y_i{}^2$, $\sum x_i y_i$ の函数であることは，ベクトルの長さおよびその交角を与えて図形が定まることからも明らかであろう．$\mathfrak{y}$ を $d\mathfrak{x}$ に置き ds^2 が dx_i の2次式であることを考えれば，ds^2 は直交変換で不変なるゆえ $\lambda^2\sum dx_i{}^2+l(\sum x_i dx_i)^2$ となる．ただし λ, l は $r=\sqrt{\sum x_i{}^2}$ のみの函数．(訳者)

27) $d\mathfrak{x}$ が接線方向の線素ならば $\sum x_i dx_i=0$ なるゆえ
$$ds^2/\sum dx_i{}^2=\lambda^2$$
$d\mathfrak{x}$ が放射方向ならば $(x_i dx_j-x_j dx_i)=0$ なるゆえ
$(\sum x_i{}^2)(\sum dx_i{}^2)=(\sum x_i dx_i)^2+\sum(x_i dx_j-x_j dx_i)^2=(\sum x_i dx_i)^2$
したがって
$$ds^2/dx_i{}^2=\lambda^2+lr^2.$$
(訳者)

$$x_i = \xi^i r$$

(ξ^i は $\sum_{i=1}^{n} \xi^{i2} = 1$ を満足する定数, r はパラメーター) はすべて測地線を表わすが, r は曲線の長さを表わさず, s と r の関係が

$$\left(\frac{ds}{dr}\right)^2 = 1 + lr^2 = h^2 \tag{24'}$$

で与えられるから, かかる座標を「修正中心座標」と呼ぶ.

デカルト座標 $x_0, x_1, \cdots, x_n$ で表わされる $(n+1)$ 次元ユークリッド空間内の半径 a なる n 次元の球面においては

$$\begin{aligned} x_0^2 + x_1^2 + \cdots + x_n^2 &= a^2, \\ ds^2 &= dx_0^2 + dx_1^2 + \cdots + dx_n^2 \end{aligned} \tag{25}$$

が成立する. ゆえに $x_1, x_2, \cdots, x_n$ を球面の座標とすれば, 次式が成立する.

$$\begin{aligned} x_0 dx_0 &= -(x_1 dx_1 + \cdots + x_n dx_n), \\ dx_0^2 &= \frac{(x_1 dx_1 + x_2 dx_2 + \cdots + x_n dx_n)^2}{a^2 - r^2}. \end{aligned}$$

したがって, この座標における ds^2 は (24) に

$$l = \frac{1}{a^2 - r^2} = \frac{\alpha}{1 - \alpha r^2} \quad \left(\alpha = \frac{1}{a^2}\right)$$

を代入したものとなる. これにより線素が (24) の l に $\dfrac{\alpha}{1-\alpha r^2}$ を代入した形に変形できる多様体が, 位置および方向に無関係な定曲率をもつことは明らかである. この主張は α が正数であるときと全く同様に, 負数であるときに

も正しい[28]．なお直ちにやる計算によって曲率がaに等しいこともわかる．上述の，球面を赤道面$x_0=0$に正射影して得られたds^2の標準型の代わりに，リーマンは立体射影[29]による標準型を用いた．旧座標xから新座標x^*へは，次の変換

$$x_i = \frac{x_i^*}{1+\frac{\alpha}{4}r^{*2}}$$

$$[(r^*)^2 = \sum (x_i^*)^2, \ i=1, 2, \cdots, n]$$

により移ることができる．

逆を証明するために[30]任意の多様体の一点 O に対し「修正中心座標」x_iを導入しよう．その際，rの函数lは任意に与えられることとなる．そのためには前述の 3. で構成された本来の中心座標において，O を通る測地線に対し，自然的な量sの代わりに，式(24′)で与えられる量rを

---

28) αが正数ならば定曲率であることは計算するまでもなく明らかだが，その計算にはαが正であるという仮定が要らないから，αが負のときにも成立する．（訳者）

29) 球面上の点を，南極における接平面上に北極から射影すること．それは変換

$$x_0 = \frac{1-\frac{\alpha}{4}r^{*2}}{1+\frac{\alpha}{4}r^{*2}}, \quad x_i = \frac{x_i^*}{1+\frac{\alpha}{4}r^{*2}}(i \neq 0), \quad r^{*2} = \sum_{i=1}^{n}(x_i^*)^2$$

で与えられる．（訳者）

30) Lipschitz, Journal f. d. reine u. angew. Math. Bd. 72;
F. Schur, Math. Annalen, Bd. 27, S. 537–567;
Weyl, Nachr. d. Ges. d. Wissensch. zu Göttingen 1921, S. 109.

置き代えればよい. **3.** において, $l=0$ に相当する本来の中心座標に対して (8) (13) (11) を導いたと同様の方法で

$$\Gamma_{\alpha\beta}^i \xi^\alpha \xi^\beta = \frac{h'}{h}\xi^i, \quad [31]\tag{26}$$

(符号 $'$ は r により微分したことを示す. また $x_i = \xi^i r$ で ξ^i は $\sum_{i=1}^{n} \xi^{i2} = 1$ なる定数)

$$\frac{\partial g_{i\alpha}}{\partial x_k}\xi^\alpha = \frac{\partial g_{k\alpha}}{\partial x_i}\xi^\alpha, \tag{27}$$

$$\xi_i = g_{i\alpha}\xi^\alpha = h^2\xi^i \quad [32] \quad (\text{前半は } \xi^i \text{ の定義}) \tag{28}$$

---

[31] $\dfrac{d^2 x_i}{ds^2} + \Gamma_{jk}^i \dfrac{dx_j}{ds}\dfrac{dx_k}{ds} = 0$ の変数を r に変えれば

$$\frac{dr}{ds}\frac{d}{dr}\left(\frac{dr}{ds}\frac{dx_i}{dr}\right) + \Gamma_{jk}^i \frac{dx_j}{dr}\frac{dx_k}{dr}\left(\frac{dr}{ds}\right)^2 = 0.$$

$$\frac{ds}{dr} = h, \quad \frac{dx_i}{dr} = \xi^i$$

なるゆえ

$$\Gamma_{\alpha\beta}^i \xi^\alpha \xi^\beta = \frac{h'}{h}\xi^i. \quad (訳者)$$

[32] $\Gamma_{\alpha\beta}^i \xi^\alpha \xi^\beta = \dfrac{h'}{h}\xi^i$ より $\Gamma_{i,\alpha\beta}\xi^\alpha\xi^\beta = \dfrac{h'}{h}g_{ij}\xi^j$.

右辺 $= \dfrac{1}{h}\dfrac{\partial h}{\partial x_\alpha}\dfrac{dx_\alpha}{dr}g_{ij}\xi^j = \dfrac{1}{h}\dfrac{\partial h}{\partial x_\alpha}g_{ij}\xi^\alpha\xi^j$.

ゆえに $\Gamma_{i,\alpha\beta}x_\alpha x_\beta - \dfrac{1}{h}\dfrac{\partial h}{\partial x_\alpha}x_\alpha x_i = 0$. 46, 47 頁の計算により

$$\frac{\partial x_i'}{\partial x_\alpha}x_\alpha - \frac{1}{2}\frac{\partial (x_\alpha' x_\alpha)}{\partial x_i} - \frac{1}{h}\frac{\partial h}{\partial x_\alpha}x_\alpha x_i' = 0.$$

しかるに $g_{ik}\dfrac{dx_i}{dr}\dfrac{dx_k}{dr} = h^2$ より $x_i' x_i = g_{ik}x_i x_k = h^2 r^2 = h^2 \sum x_i^2$

これを上式に代入して

が得られる．

いかなるときに点 O が中心となるか，詳しくいえば，いかなるときに次式が成立するかが問題になる．

$$g_{ik} = \delta_{ik} + lx_i x_k ? \tag{29}$$

これに対する必要かつ十分な条件は，明らかに

$$\frac{d}{dr}(g_{ik} - lx_i x_k) = 0$$

すなわち

$$\frac{\partial g_{ik}}{\partial x_\alpha}\xi^\alpha = \frac{d}{dr}(lr^2)\xi^i\xi^k \tag{30}$$

である．なぜなら，$g_{ik} - lx_i x_k$ なる差が r に無関係ならば，$r=0$ のときの値，すなわち δ_{ik} に常に等しくなければならないから．(27), (28)により条件(30)は次式と同値である．

$$\frac{\partial x_i'}{\partial x_\alpha}x_\alpha - h^2 x_i - h\frac{\partial h}{\partial x_i}r^2 - \frac{1}{h}\frac{\partial h}{\partial x_\alpha}x_\alpha x_i'$$
$$= \frac{\partial x_i'}{\partial x_\alpha}x_\alpha - h^2 x_i - h\frac{dh}{dr}\xi^i r^2 - \frac{1}{h}\frac{\partial h}{\partial x_\alpha}x_\alpha x_i'$$
$$= \frac{\partial x_i'}{\partial x_\alpha}x_\alpha - h^2 x_i - h\frac{\partial h}{\partial x_\alpha}x_\alpha x_i - \frac{1}{h}\frac{\partial h}{\partial x_\alpha}x_\alpha x_i'$$
$$= h\frac{\partial\left(\frac{x_i'}{h} - hx_i\right)}{\partial x_\alpha}x_\alpha = rh \cdot \frac{d\left(\frac{x_i'}{h} - hx_i\right)}{dr} = 0$$

より $x_i' = g_{ij}x_j = h^2 x_i$. これは(28). 次にこれを微分して(27)を得る. (訳者)

$$\Gamma_{i,k\alpha}\xi^\alpha = hh'\xi^i\xi^k.$$

または

$$\Gamma^i_{k\alpha}\xi^\alpha = \frac{h'}{h}\xi^i\xi^k.$$

ゆえに

$$\varphi^i_k = \Gamma^i_{k\alpha}\xi^\alpha - \frac{h'}{h}\xi^i\xi^k \tag{31}$$

とおけば，(29)の成立する条件はこの φ^i_k が 0 となることである．

曲率の問題と関係をつけるためにさらに微分すれば

$$\frac{d\varphi^i_k}{dr} = \frac{\partial \Gamma^i_{k\alpha}}{\partial x_\beta}\xi^\alpha\xi^\beta - (\log h)''\xi^i\xi^k. \tag{32}$$

右辺の第 1 項は R の表現 (22) に見るごとく

$$R^i_{\alpha k\beta}\xi^\alpha\xi^\beta \tag{33}$$

の一部分になっている．(33)を計算するために，次の諸項を順次に計算する．

$$\frac{\partial \Gamma^i_{\alpha k}}{\partial x_\beta}\xi^\alpha\xi^\beta, \quad \frac{\partial \Gamma^i_{\alpha\beta}}{\partial x_k}\xi^\alpha\xi^\beta$$

および

$$(\Gamma^i_{\rho\beta}\Gamma^\rho_{\alpha k} - \Gamma^i_{\rho k}\Gamma^\rho_{\alpha\beta})\xi^\alpha\xi^\beta. \tag{34}$$

一番目の項は(32)より

$$= \frac{d\varphi_k^i}{dr} + (\log h)'' \xi^i \xi^k.$$

二番目の項を得るために(26)

$$\Gamma_{\alpha\beta}^i x_\alpha x_\beta = \frac{rh'}{h} x_i$$

を x_k で微分する．

$$\frac{\partial \Gamma_{\alpha\beta}^i}{\partial x_k} x_\alpha x_\beta + 2\Gamma_{\alpha k}^i x_\alpha = \frac{x_i x_k}{r} \frac{h'}{h} + x_i x_k (\log h)'' + \frac{rh'}{h} \delta_{ik}.$$

さらに $\Gamma_{\alpha k}^i \xi^\alpha$ を(31)により φ_k^i で表せば

$$\frac{\partial \Gamma_{\alpha\beta}^i}{\partial x_k} \xi^\alpha \xi^\beta = \xi^i \xi^k (\log h)'' + \frac{h'}{rh}(\delta_{ik} - \xi^i \xi^k) - \frac{2}{r}\varphi_k^i,$$

$$\left(\frac{\partial \Gamma_{\alpha k}^i}{\partial x_\beta} - \frac{\partial \Gamma_{\alpha\beta}^i}{\partial x_k}\right)\xi^\alpha \xi^\beta = \left(\frac{d\varphi_k^i}{dr} + \frac{2}{r}\varphi_k^i\right) + \frac{h'}{rh}(\xi^i \xi^k - \delta_{ik}).$$

三番目の項(34)は次のごとく変形される．

$$(\Gamma_{\rho\beta}^i \xi^\beta)(\Gamma_{\alpha k}^\rho \xi^\alpha) - \Gamma_{k\rho}^i(\Gamma_{\alpha\beta}^\rho \xi^\alpha \xi^\beta)$$

$$= \Gamma_{\rho\beta}^i \xi^\beta \left(\varphi_k^\rho + \frac{h'}{h}\xi^\rho \xi^k\right) - \Gamma_{k\rho}^i \frac{h'}{h} \xi^\rho$$

$$= \Gamma_{\rho\beta}^i \xi^\beta \varphi_k^\rho + \frac{h'}{h}\xi^k(\Gamma_{\rho\beta}^i \xi^\rho \xi^\beta) - \frac{h'}{h}\left(\varphi_k^i + \frac{h'}{h}\xi^i \xi^k\right)$$

$$= \Gamma_{\beta\rho}^i \xi^\beta \varphi_k^\rho - \frac{h'}{h}\varphi_k^i.$$

最後に

$$\frac{r^2 \varphi_k^i}{h} = \psi_k^i$$

と置けば，結局次式が得られる．

$$-R^i_{\alpha k \beta}\xi^\alpha \xi^\beta = \frac{h}{r^2}\left[\frac{d\psi^i_k}{dr}+\Gamma^i_{\alpha\beta}\xi^\alpha\psi^\beta_k\right]+\frac{h'}{rh}(\xi^i\xi^k-\delta_{ik}). \quad (35)$$

他方において次式が成立する.

$$(\delta_{ik}g_{\alpha\beta}-\delta_{i\beta}g_{\alpha k})\xi^\alpha\xi^\beta = \delta_{ik}h^2-\xi^i\xi_k$$
$$= h^2(\delta_{ik}-\xi^i\xi^k). \quad (36)$$

O が中心となるとき,すなわち $\psi^i_k=0$ なるときは,上式により,一点 P における,測地線 OP を含む任意の面方向への多様体の曲率は r のみに関係し,詳しくいえば

$$\frac{h'}{rh}:h^2 = -\frac{1}{2r}\frac{d}{dr}\left(\frac{1}{h^2}\right) \quad (37)$$

に等しい[33].[特に O における曲率は方向に関係せず,$l(0)$ に等しい.]

この条件は O が中心となるための十分条件でもある.なぜなら (35)(36) により,この条件は

$$\frac{d\psi^i_k}{dr}+\Gamma^i_{\alpha\beta}\xi^\alpha\psi^\beta_k=0 \quad (38)$$

と同値で,これから $\psi^i_k=0$ が導かれるからである.実際,定数 C, Γ が $0\leq r\leq 1$ に対し,条件

---

[33] $\psi^i_k=0$ ならば (35) より

$$R^i_{\alpha k\beta}\xi^\alpha\xi^\beta = \frac{h'}{rh^3}(\delta_{ik}g_{\alpha\beta}-\delta_{i\beta}g_{\alpha k})\xi^\alpha\xi^\beta.$$

ゆえに $R_{i\alpha k\beta}\xi^\alpha\xi^\beta = \frac{h'}{rh^3}(g_{ik}g_{\alpha\beta}-g_{i\beta}g_{\alpha k})\xi^\alpha\xi^\beta.$

測地線 OP を含む任意の面方向は $\Delta x_{ik}=\xi^i dx_k-\xi^k dx_i$ で表わされるから,曲率が $\dfrac{\Delta\sigma^2}{\Delta f^2}$ なることを用いれば (37) は得られる.(訳者)

$$|\Gamma^i_{\alpha\beta}| \leq \frac{\Gamma}{n^2}, \quad |\psi^i_k| \leq C \tag{39}$$

を満足すれば，任意の整数 $m \geq 0$ に対し

$$|\psi^i_k| \leq C\frac{(\Gamma r)^m}{m!} \tag{40}$$

が成立する．証明は完全帰納法による．まずこの命題は (39) により $m=0$ のとき成立し，m のとき成立すれば $(m+1)$ に対しても成立することは，次の計算で証明される．

$$|\psi^i_k| = \left|\int_0^r \Gamma^i_{\alpha\beta}\xi^\alpha\psi^\beta_k dr\right| \leq \frac{C\Gamma^{m+1}}{m!}\int r^m dr = C\frac{(\Gamma r)^{m+1}}{(m+1)!}.$$

(40) において m をいかほどでも大きくすれば，$\psi^i_k = 0$ が得られる．

この結果を定曲率 α なる多様体に応用してみよう．

$$l = \frac{\alpha}{1-\alpha r^2}, \quad h^2 = 1+lr^2 = \frac{1}{1-\alpha r^2}$$

と置けば，(37) は定数 α に等しくなるから，かかる多様体の任意の点 O において，上記の函数 l に属する「修正中心座標」を導入すれば，(38) が成立し，それから $\psi^i_k = 0$ が導かれ，結局

$$g_{ik} - lx_i x_k = \delta_{ik}$$

が結論される．かくして次の期待せられた結果に到達する．定曲率 α なる多様体の線素は，適当な座標を選ぶことにより，必ず

$$ds^2 = \sum_{i=1}^{n} dx_i^2 + \frac{\alpha}{1-\alpha r^2}(\sum_{i=1}^{n} x_i dx_i)^2$$

なる形に変形できる.

その際, 中心 O は多様体の任意の点にとることができるし, またこの標準形は O を動かさない x_i の任意の直交変換に対し不変だから, 定曲率の多様体はリーマンの主張した運動可能性をもつことがわかる. それは, その上のすべての点のみならず, 任意の点における全方向が, みな同資格であるという意味において, 均等である. 逆にかかる均等性をもつ多様体は, 明らかに定曲率でなければならない. 十分知られているユークリッド幾何 $\alpha=0$ の場合を除けば, $\alpha=\pm 1$ と仮定してもよい. 第一の場合 ($\alpha=1$) には, 先に(25)において用いた座標の比

$$x_0 : x_1 : \cdots : x_n$$

を多様体の斉次座標として導入すれば, (25)におけるがごとき規準化を要せず, 線素は次のごとくに表わされる[34].

$$ds^2 = \frac{\Omega(x,x)\Omega(dx,dx)-\Omega^2(x,dx)}{\Omega^2(x,x)}. \qquad (41)$$

ここに $\Omega(x,y)$ は対称双 1 次形式

---

[34] $z_i = \dfrac{x_i}{\sqrt{\sum x_i^2}}$ とおけば $\sum_{i=0}^{n} z_i^2 = 1$, これは球面を表わす.

$ds^2 = \sum_{i=0}^{n} dz_i^2 = \dfrac{\Omega(x,x)\Omega(dx,dx)-\Omega^2(x,dx)}{\Omega^2(x,x)}$ (訳者)

$$x_0y_0+x_1y_1+\cdots+x_ny_n$$

を意味する(それに対する2次形式 $\Omega(x, x)$ は

$$x_0{}^2+x_1{}^2+\cdots+x_n{}^2$$

なる惰性指数[35] 0 なる正値形式となる).事実かかる ds^2 は無限に近接した2点における x の比のみによって定まる.多様体をそれ自身に移す運動は,方程式 $\Omega(x, x)=0$ を変えぬ,斉次座標 x の1次変換として与えられる[36].曲率 -1 なる多様体についても同様で,単に(41)の ds^2 を $-ds^2$ に代え,$\Omega(x, x)$ を次の惰性指数 n なる2次形式とすればよい[37].

---

[35] 実係数の2次形式は実1次変換により,一意的に次の標準形に変換される.$-x_1{}^2-x_2{}^2-\cdots-x_i{}^2+x_{i+1}{}^2+\cdots+x_n{}^2$.$i$ を惰性指数,n を階数という.負項のないときは惰性指数0とする.(訳者)

[36] 多様体をそれ自身に移す運動は z_i の直交変換で,それは $\sum x_i{}^2$ を $c^2\sum x_i{}^2$ (c は定数)に変える変換,すなわち $\Omega(x, x)=\sum x_i{}^2=0$ を変えない変換である.(訳者)

[37] $ds^2=\sum_{i=1}^{n} dz_i{}^2-\dfrac{(\sum z_i dz_i)^2}{1+\sum_{i=1}^{n} z_i{}^2}$ は

$$\Omega(z, z)=z_0{}^2-z_1{}^2-\cdots-z_n{}^2=1$$

と $-ds^2=\Omega(dz, dz)$ から dz_0 を消去したものである.

$z_i=\dfrac{x_i}{\sqrt{\Omega(x, x)}}$ と置けば,

$$-ds=\dfrac{\Omega(x, x)\Omega(dx, dx)-\Omega^2(x, dx)}{\Omega^2(x, x)}.$$ (訳者)

$$x_0{}^2-(x_1{}^2+x_2{}^2+\cdots+x_n{}^2)$$

ただし変数の値は $\Omega>0$ となるごとく制限せねばならない. さらに一般的には Ω として, 階数が $(n+1)$, 惰性指数がそれぞれ 0 または n なる任意の 2 次形式を仮定してもよい（なぜなら, かかる 2 次形式は 1 次変換により, 上述のどちらかの基本形式に変換されるからで, さらに ds^2 は正値でなければならないから, 惰性指数としてはそれぞれ 0 または n のみが可能である）. 測地線（直線）はこの斉次座標の 1 次方程式で表わされる. したがって, 我々は円錐曲線 $\Omega(x, x)=0$ を基礎として計量が定まる n 次元空間内の射影幾何を問題にしているわけである[38]. $\alpha=1$, $\alpha=-1$ の場合は, クラインにより, それぞれ「楕円的」および「双曲的」幾何として区別された. その中間に, 過渡的な, 退嬰した場合としてユークリッド幾何が位置している. 双曲的幾何学はロバチェフスキー, ボヤイが 1830 年ごろ体系的に建設した「非ユークリッド幾何」と一致する. 楕円的幾何は十分制限された領域においては, $(n+1)$ 次元ユークリッド空間の n 次元球面上の球面幾何と一致する. しかし全般的には, 楕円的幾何の基礎をなす空間の連結のようすは球と異なっている. それは, 直径の両端をなす 2 点を

---

38) Cayley, Sixth Memoir upon Quantics, Philosophical Transaction, t. 149 (1859);

F. Klein, Über die sogenannte Nicht-Euklidische Geometrie, Math. Annalen, Bd. 4 (1871), および Math. Annalen, Bd. 6, 37.

一緒にして1点と考えるか，またはそれと同じことになるが，球面上の点の代わりに，球の中心を通る直線を要素と考えることにより，球から構成される．種々の量の決め方に関係する空間の位相的性質については脚註の論文[39]を参照されたい．

6. （第III章3について）

空間の量的関係の内的基礎に関するリーマンの論文末尾における注意は，アインシュタインの一般相対論により初めて我々に理解される．第一の可能性「空間の基礎をなす実在的のものは孤立多様体をつくる」を度外視すれば（あるいはその中に空間の問題に関する決定的な解答が含まれているかもしれないが），リーマンは従来のすべての数学者，哲学者の持っていた，「空間の計量はその中で起こる物理的現象とは無関係に確定しており，現実はこの計量空間の中に，人が完成した貸長屋に住むと同様な具合に入り込んでいる」という考えに反対し，空間それ自体は論文第一章の意味における，形式の定まらぬ単なる3次元多様体であり，それを満たす物質的内容が初めてその形式や量的関係を定めるものと主張したことになる．「計量の場」は原

---

39) Klein, Math. Annalen, Bd. 37 (1890), S. 544;
Killing, Math. Annalen, Bd. 39 (1891), S. 257, Einführung in die Grundlagen der Geometrie, Paderborn. 1893;
Koebe, Annali di Matematica, Ser. III, 21, pag. 57;
Weyl, Math. Annalen, Bd. 77, S. 349.

理的には例えば電磁場と同様の性質を持つのである．空間はそれが現象の形式であるという点に関しては均等であるから，それはリーマン多様体の全く特別の場合，すなわち定曲率でなければならぬように思われる（そして古い考え方からすれば，事実この結論は避けがたい）．前述の **2.** において引用したヘルムホルツ，リーの論文によれば，定曲率の空間においてのみ，物体は量の関係を変ずることなく運動可能であって，それはすべての場所および方向が同資格であることによるのである．しかし量の決定が物質の分布に関係するとすれば，この結果は異なってくる．なぜなら，あるリーマン多様体において，物体がそれのつくる計量の場をともなって動く場合には，量の変化なしに物体を動かすことの可能性がまた出てくるからである．物体がそれのつくる力場の下で平衡にあるとき，力場を固定して物体を移動できたとすれば，物体は変形しなければならない．しかし実際には物体はそれのつくる力場をともなって動くから，かかる変形は起こらないのと全く同様である．

　物理的な世界においては，空間の3つの次元にさらに4番目として時間がつけ加わる．特殊相対論（アインシュタイン，ミンコフスキー）は，この空間時間の4次元多様体はユークリッド的であり，空間と時間とが任意に分離できることを結論する．ただしユークリッド的なる語にはいささか修正が必要で，量決定の基礎をなす2次形式 ds^2 は正値でなく，惰性指数が1となる．一般相対論においては，ユークリッドからリーマンへの移行が行われる．世界は4

次元の連続体で,そこにおいて物質の分布および運動の状態に関連する計量の場が存在し,それは惰性指数 1 なる 2 次微分形式 ds^2 により表現される.この計量の場から,特に重力の現象が現われる.幾何学と物理学の間に昔からあった障壁を取り除いたリーマンの思想は,今日アインシュタインにより輝かしい完成を見たのである.文献に関しては編者の著書『空間,時間,物質』を参照されたい.

訳者の解説

 18 世紀の後半から，19 世紀の初頭にかけては，ロマンティシズムの時代であった．啓蒙運動は主知的であり，合理的であることを尊んだであろうが，それを貫く精神が合理的であったとはいえない．微分方程式を完全に解くことにより，過去も未来もすべて知ることができるはずだというラプラスの信念も，同じく彼の天地開闢説もはなはだ浪漫的ではなかろうか．当時はルネッサンス以来のヨーロッパ文化が幸福なる発展の頂上にあった時代といえよう．学問，芸術のゆたかで，大きい体系が渾然一体となって人々を支配していた．有能な人はすべて多産であり，その作品には純粋さが欠け，多くの不備があったにもせよ，彼らの対象は外に向かって広く，目的は高かった．種々の学問は互いに混じり合い，「科学のための科学」とか「その存在理由はそれ自身にある」とかいうような純粋さとは縁の遠い時代であった．数学者でいえばオイラー，ラグランジュの時代である．

 しかしそのような中にも新しい機運がきざしていた．数学においては，ガウス，アーベル，コーシーらにより，19世紀初頭に起こされた批判的機運が，函数論をその代表とするみごとな古典数学をつくっていった．数学がその限界を知り，自分自身の中に問題を発見し，純粋になりつつ，

深くなっていった時代である．ガウスは「狭くとも深く」といった．

かかる時代を代表する数学者リーマンの論文「幾何学の基礎をなす仮説について」は画時代的であった．クラインの「エルランゲン・プログラム」が出で，ヒルベルトの「幾何学原理」が出で，さらに数学が極度に抽象化され，種々の抽象空間に人々が馴れてしまった今日において，この論文の真意義を理解するのは困難である．浪漫主義の時代から，古典主義の時代を経て，抽象的になるのは数学に限ったことではあるまいが，抽象化が定跡とならず，現実の問題に直面し具体的な例で裏打ちをされつつ行われた抽象化こそ，人間の最も深い精神活動を示すものであろう．

リーマンの時代にはカントの哲学が人々を支配していた．当時，既に非ユークリッド幾何学はあったが，それは幾何学者が無理につくった，正しくない幾何学であると，一般の人々は考えていたのであろう．正しいという意味がはっきりしないのである．ガウスでさえ，一般人の誤解と，カントの空間論の権威を恐れてか，非ユークリッド幾何を発表しなかった．しかし彼は三角形の内角の和を実測し，また曲面論を書いた．

問題は空間という言葉の意味の不明瞭さにあった．形而上学においても，物理学においても，数学においても，空間という同じ言葉が用いられ，したがってそれらは同じものと思いこまれていた．数学の問題にならぬことを，数学でいくら考えても絶対に解決のつくはずがない．リーマン

はかかる素朴な空間概念から，数学的な部分を抜きだして，連続多様体の概念を得た．彼はその概念を解析学における必要から導入したのであろう．力学が質点や剛体を取り扱うあいだは，自変数は時間のみであり，常微分方程式のみでこと足りたが，流体，ポテンシャル，波動等が問題となり，また変分法を用いて力学の解析化が進んでくると，偏微分方程式が現われてくる．偏微分方程式を変形する問題は，すなわち多変数函数の変数変換の問題であって，ここに n 次元多様体の必要が生ずる．また他方，複素函数の研究はリーマン面の概念に導いた．これは解析函数の性質を幾何学的にし，透明にすると同時に，それ自身は位相幾何の問題を与え，したがって連続多様体の概念を与える一因となったのであろう．リーマン面の点は分岐点を周る周り方によって定まるのであって，かかる定義の仕方を一般化すれば従来の空間概念より広いものが得られることは明らかである．

　デカルトは座標を導入して，ユークリッド幾何学を解析学に還元したが，空間の概念から数学的でないものを除く一つの方法は，デカルトのごとく，それを解析化することであろう．しかるに 3 次元ユークリッド空間を解析化したものはあまりに特殊な体系であって，それと同様の形式をもつ多くの定理が解析学のさらに広い範囲に対して成り立つのである．数学にとって，特殊な狭い対象を特別扱いにするのは都合のよいことでない．そこで空間に対する考えが変わってくる．元来，ユークリッド幾何は我々の経験す

る空間に関する性質を研究したものであって、自然科学で実験をするように、図を描いて研究されたのであったが、それが論理化されるに至って、幾何学は論理的推理と空間的表象との美しい結合となった．デカルトの座標導入により、推理は記号化され、構成的な代数と空間表象の結合となったが、その後発明された微積分により幾何学は解析化された．解析幾何は初めのうちは空間図形の解析による研究であったが、解析学の発達、および数学の厳密化により、次第に解析学の空間表象となってきた．そしてついに3次元ユークリッド空間より広い解析的体系を空間表象する必要に迫られて、空間概念は拡張されることとなった．

　リーマンはかかる拡張を行なった最初の数学者の一人である（n 次元空間はグラスマンにより既に考察された）．もっとも彼は3次元ユークリッド空間のみを空間といい、他を多様体といっているが、それは単なる言葉の問題である．彼は素朴な空間概念から、数学的空間概念を分離し、数学としての幾何学の意味を明らかにしたばかりでなく、実際に実例として、ガウスの偉大な曲面論を拡張して、リーマン空間を建設した．そしてロバチェフスキー、ボヤイの非ユークリッド幾何学は、負の定曲率をもつ3次元リーマン空間として与えられるという重大な結論を与え、さらに正の定曲率の場合として新たなる非ユークリッド幾何学を与えた．これは非ユークリッド幾何学が矛盾なく成立し得ることの保証が与えられた最初である．これだけでも重大であるが、リーマン幾何は後に至って一般相対論に用い

られ，さらに重要性を認められることとなった．彼もそこまでは予想しなかったであろうが，それにしても彼が論文の最後に述べた物理的空間に対する考えは驚嘆すべきである．

リーマンの論文は含みが広く，リーマン幾何のみについて述べているわけではないが，しかし論文の大部分はリーマン幾何に費やされているし，またワイルもリーマン幾何に関するかなり技術的な説明をつけているから，参考までに以下リーマン幾何の入門をごく簡単に述べることにする．

リーマン幾何学

1. 3次元ユークリッド空間内の曲面は (u, v) をパラメーターとすれば

$$x = x(u, v) \qquad y = y(u, v) \qquad z = z(u, v)$$

で表わされる．(u, v) を (u', v') に変換すれば，曲面は (u', v') で表わされるが，曲面そのものは変わらないのだから，そこに不変な性質が現われるはずである．それがガウスの曲面論で，特に，互いに展開可能な曲面に共通な性質は，距離を表わす2次微分形式

$$ds^2 = Edu^2 + 2Fdudv + Gdv^2$$

によって定まる．ここでは一対一連続微分可能な変換によ

り不変な計量的性質が問題となる．次にこれを次元の高い場合に拡張する．

2. m 次元ユークリッド空間［その点を $\mathfrak{y}:(y^1,\ y^2,\ \cdots,\ y^m)$ で表わす］において，次式を満足する点 $\mathfrak{y}$ の集合を n 次元 ($n\leq m$) の多様体という．

$$\left.\begin{array}{l} y^1=f_1(x^1,\ x^2,\ \cdots,\ x^n) \\ y^2=f_2(x^1,\ x^2,\ \cdots,\ x^n) \\ \quad\vdots \\ y^m=f_m(x^1,\ x^2,\ \cdots,\ x^n) \end{array}\right\} \text{なお単に } \mathfrak{y}=\mathfrak{f}(\mathfrak{x}) \text{ と書く}$$

ただし $x^1,\ x^2,\ \cdots,\ x^n$ はパラメーター，f_i は必要なだけ（普通は 3 回まで）連続微分可能な函数で，ある n 個をとれば互いに独立だとする．したがって

$$\varDelta = \begin{pmatrix} \dfrac{\partial y^1}{\partial x^1} & \dfrac{\partial y^1}{\partial x^2} & \cdots & \dfrac{\partial y^1}{\partial x^n} \\ \dfrac{\partial y^2}{\partial x^1} & \cdots\cdots & & \dfrac{\partial y^2}{\partial x^n} \\ \vdots & & & \\ \dfrac{\partial y^m}{\partial x^1} & \cdots\cdots & & \dfrac{\partial y^m}{\partial x^n} \end{pmatrix}$$

の階数は n である．

以上の条件の下に，多様体は局所的に n 次元ユークリッド空間と一対一連続に対応し，多様体上の点はベクトル $\mathfrak{x}$ によって示される．$\mathfrak{x}$-空間内の曲線 $\mathfrak{x}=\mathfrak{x}(t)$ は，多様体上の曲線 $\mathfrak{y}=\mathfrak{f}(\mathfrak{x}(t))$ に対応するが，簡単のためにこれを

$\mathfrak{x}=\mathfrak{x}(t)$ で示すことにする．特に多様体上の n 個の曲線群，$x^i=t$, $x^j=\mathrm{const}$ $(i\neq j)$ $[i=1, 2, \cdots, n]$ は，多様体上の曲線座標をなしている．

多様体の任意の点を通る曲線 $x^i=t$, $x^j=\mathrm{const}(i\neq j)$ の接線ベクトルは $\dfrac{d\mathfrak{v}}{dt}:\left(\dfrac{\partial y^1}{\partial x^i}, \dfrac{\partial y^2}{\partial x^i}, \cdots, \dfrac{\partial y^m}{\partial x^i}\right)$ で，これを $\mathfrak{e}_i$ で表わす．$\mathfrak{e}_i$ は場所の函数である．Δ の階数が n であるから，$\mathfrak{e}_1, \mathfrak{e}_2, \cdots, \mathfrak{e}_n$ は１次独立で，したがってそれらは n 次の線形空間を張る．それをその点における多様体の接空間という．接空間の基礎ベクトル，$\mathfrak{e}_1, \mathfrak{e}_2, \cdots, \mathfrak{e}_n$ をカルタンにしたがって自然標構（repére naturel）と呼ぶ．曲線座標は局所的にそんな形になっているのである．$\mathfrak{e}_i$ を用いれば一般の曲線 $\mathfrak{x}=\mathfrak{x}(t)$ の接線ベクトルは次のごとく表わされる．

$$\mathfrak{v} = \frac{d\mathfrak{v}}{dt} = \frac{\partial \mathfrak{v}}{\partial x^i}\frac{dx^i}{dt}=\frac{dx^i}{dt}\mathfrak{e}_i$$

一般の接ベクトル $\mathfrak{v}$ も $\mathfrak{e}_i$ の１次結合で表わされるから

$$\mathfrak{v} = v^i\mathfrak{e}_i = (v^1, v^2, \cdots, v^n)\begin{pmatrix}\mathfrak{e}_1\\\mathfrak{e}_2\\\vdots\\\mathfrak{e}_n\end{pmatrix}$$

となる．かくして任意の接ベクトルは $(v^1, v^2, \cdots, v^n)$ で表わされる．

今，曲線 $\mathfrak{x}=\mathfrak{x}(t)$ の２点 $t=t_0$, $t=t_1$ 間の長さを s とすれば，

$$s = \int_{t_0}^{t_1} \left| \frac{d\mathfrak{v}}{dt} \right| dt = \int_{t_0}^{t_1} \sqrt{\left(\frac{dx^i}{dt} \mathrm{e}_i, \frac{dx^j}{dt} \mathrm{e}_j \right)} dt$$

$$= \int_{t_0}^{t_1} \sqrt{\frac{dx^i}{dt} \frac{dx^j}{dt} (\mathrm{e}_i, \mathrm{e}_j)} dt = \int_{t_0}^{t_1} \sqrt{g_{ij} \frac{dx^i}{dt} \frac{dx^j}{dt}} dt.$$

ただし $g_{ij}=(\mathrm{e}_i, \mathrm{e}_j)$ である．根号内は明らかに階数 n なる2次正値形式である．

n 次元空間における $(n-1)$ 次の超平面は，双対の理によりベクトルと同様に取り扱えるが，ユークリッド空間においては，これと直交するベクトルに置き変えて取り扱えばよい．そのためには次のごとき $\mathrm{e}^1, \mathrm{e}^2, \cdots, \mathrm{e}^n$ を導入すると都合がよい．すなわち接空間において，$\mathrm{e}_2, \mathrm{e}_3, \cdots, \mathrm{e}_n$ と直交し $(\mathrm{e}^1, \mathrm{e}_1)=1$ なる e^1 は唯一つ定まり，以下同様に，$(\mathrm{e}^j, \mathrm{e}_i)=\delta_i^j$ なる e^j ($j=1, 2, \cdots, n$) が一意的に定まる．かかる e^j は1次独立であるから，e_i はその1次結合として $\mathrm{e}_i=a_{ij}\mathrm{e}^j$ と表わされる．$(\mathrm{e}_i, \mathrm{e}_j)=g_{ij}$, $(\mathrm{e}^k, \mathrm{e}_j)=\delta_j^k$ であるから

$$a_{ij} = g_{ij}.$$

すなわち

$$\mathrm{e}_i = g_{ij}\mathrm{e}^j.$$

ゆえに

$$(g_{ij})^{-1} = (g^{ij})$$

とすれば

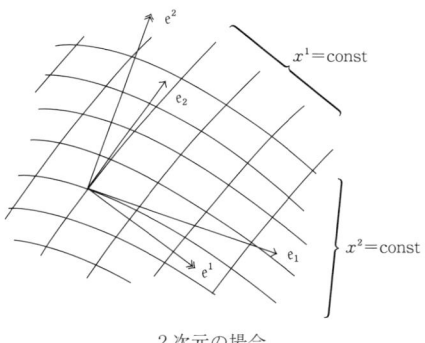

2 次元の場合

$$e^i = g^{ij}e_j.$$

したがって $(e^i, e^j) = (g^{ik}e_k, e^j) = g^{ik}\delta_k^j = g^{ij}$ となる.

e^i ($i=1, \cdots, n$) は 1 次独立だから,任意の接ベクトル $\mathfrak{v}$ は e^i により展開される.

$$\mathfrak{v} = e^i v_i = (e^1, e^2, \cdots, e^n)\begin{pmatrix} v_1 \\ v_2 \\ \vdots \\ v_n \end{pmatrix}.$$

$\mathfrak{v}$ を e_i により展開したときの係数 v^i を $\mathfrak{v}$ の反変成分,e^i により展開したときの係数 v_i を共変成分という.

$$\begin{aligned}\mathfrak{v} &= e^i v_i = g^{ij}e_j v_i \\ &= e_j v^j = g_{ij}e^i v^j\end{aligned}$$

なるゆえ $v_i = g_{ij}v^j$, $v^i = g^{ij}v_j$ なる関係がある.

ベクトル u, v の内積は次のごとく表わされる.
$$\begin{aligned}(u, v) &= (u^i e_i, v^j e_j) = u^i v^j (e_i, e_j) = u^i v^j g_{ij}\\ &= (u_i e^i, v_j e^j) = u_i v_j g^{ij}\\ &= (u_i e^i, v^j e_j) = u_i v^i\\ &= (u^i e_i, v_j e^j) = u^i v_i\end{aligned}$$

以上, 接空間の基礎ベクトルとして, e_i, e^i の2種類が得られた. e_i の意味は既に明らかであるが, e^i の意味を明らかにするために次の例を示す. 多様体内においてスカラー場

$$\varphi = \varphi(\mathfrak{x}) = \varphi(x^1, x^2, \cdots, x^n)$$

を考える. いかなる点においても $\dfrac{\partial \varphi}{\partial x^i}$ ($i=1, 2, \cdots, n$) がことごとくは 0 とならなければ, $\varphi=$const は $(n-1)$ 次の多様体を表わす. φ の勾配ベクトル grad φ とは, 多様体に接し, $\varphi=$const の表わす $(n-1)$ 次元多様体と直交し (多様体の接空間と直交すること), かつその長さが法線方向への φ の増加率 $\dfrac{\partial \varphi}{\partial n}$ に等しいベクトルである. このベクトルは e^i を用いれば次のごとく簡単に表わせる.

$$\operatorname{grad} \varphi = \frac{\partial \varphi}{\partial x^i} e^i.$$

以下その証明.

$\varphi=$const, $x^j=$const ($j \neq i, n$) は $\varphi=$const に含まれる曲線を表わすが, その接線ベクトルが

$$\frac{\partial \varphi}{\partial x^n} e_i - \frac{\partial \varphi}{\partial x^i} e_n$$

であることは容易にわかる $\left(\dfrac{\partial \varphi}{\partial x^n} \neq 0 \text{ とする}\right)$. i を 1 から $(n-1)$ まで変えれば, $(n-1)$ 個の 1 次独立なベクトルが得られるから $\varphi=\text{const}$ の表わす多様体の接空間は

$$\dfrac{\partial \varphi}{\partial x^n} \mathrm{e}_i - \dfrac{\partial \varphi}{\partial x^i} \mathrm{e}_n \quad (i=1, 2, \cdots, n-1)$$

で張られる.

$$\left(\dfrac{\partial \varphi}{\partial x^j} \mathrm{e}^j,\ \dfrac{\partial \varphi}{\partial x^n} \mathrm{e}_i - \dfrac{\partial \varphi}{\partial x^i} \mathrm{e}_n\right) = \dfrac{\partial \varphi}{\partial x^j} \dfrac{\partial \varphi}{\partial x^n} \delta_i^j - \dfrac{\partial \varphi}{\partial x^j} \dfrac{\partial \varphi}{\partial x^i} \delta_n^j = 0$$

$$(i=1, 2, \cdots, n-1)$$

であるから, $\mathrm{grad}\,\varphi$ は $\varphi=\text{const}$ と直交する. 次に点 x において, $\varphi=\text{const}$ と直交するベクトルを $\varDelta\mathrm{n}$ とし, その大きさを $\varDelta n$ とすれば,

$$\varDelta\mathrm{n} = \dfrac{\varDelta n}{|\mathrm{grad}\,\varphi|} \dfrac{\partial \varphi}{\partial x^i} \mathrm{e}^i = \dfrac{\varDelta n}{|\mathrm{grad}\,\varphi|} \dfrac{\partial \varphi}{\partial x^i} g^{ij} \mathrm{e}_j.$$

$$\varDelta\varphi = \varphi(\mathrm{x}+\varDelta\mathrm{n}) - \varphi(\mathrm{x})$$

$$= \varphi\!\left(x^i + \dfrac{\varDelta n}{|\mathrm{grad}\,\varphi|} \dfrac{\partial \varphi}{\partial x^j} g^{ij}\right) - \varphi(x^i)$$

$$= \dfrac{\partial \varphi}{\partial x^i} \dfrac{\varDelta n}{|\mathrm{grad}\,\varphi|} \dfrac{\partial \varphi}{\partial x^j} g^{ij} + o(\varDelta n)$$

$$= \varDelta n\,|\mathrm{grad}\,\varphi| + o(\varDelta n).$$

ゆえに

$$\dfrac{\partial \varphi}{\partial n} = \lim_{\varDelta n \to 0} \dfrac{\varDelta \varphi}{\varDelta n} = |\mathrm{grad}\,\varphi|$$

証明了.

3. 上述のごとき m 次元ユークリッド空間内の n 次元多様体において，$\mathfrak{x}$ を $\bar{\mathfrak{x}}$ に変換したと考える．ユークリッド幾何が回転と移動により不変な性質を求めるごとく，ここでは $\mathfrak{x}$ から $\bar{\mathfrak{x}}$ への変換で変わらぬ性質が問題となる．

任意の点における接空間は変わらないが，基礎ベクトルは変わる．新しいのを $\bar{e}_1, \bar{e}_2, \cdots, \bar{e}_n ; \bar{e}^1, \bar{e}^2, \cdots, \bar{e}^n$ とする．
$e_i = \dfrac{\partial \mathfrak{v}}{\partial x^i}$, $\bar{e}_i = \dfrac{\partial \mathfrak{v}}{\partial \bar{x}_i}$ であるから

$$\bar{e}_i = \frac{\partial \mathfrak{v}}{\partial x^j}\frac{\partial x^j}{\partial \bar{x}^i} = e_j \frac{\partial x^j}{\partial \bar{x}^i}, \quad \bar{e}^i = e^j \frac{\partial x^j}{\partial \bar{x}_i}.$$

$(e_i, e_j) = g_{ij}$, $(\bar{e}_i, \bar{e}_j) = \bar{g}_{ij}$ であるから

$$\bar{g}_{ij} = g_{mn} \frac{\partial x^m}{\partial \bar{x}^i}\frac{\partial x^n}{\partial \bar{x}^j}.$$

$\mathfrak{v} = v^i e_i = \bar{v}^i \bar{e}_i$ であるから e_i の変換式を用いて

$$\bar{v}^i = v^j \frac{\partial \bar{x}^i}{\partial x^j}.$$

$v_i = g_{ij} v^j$ であるから，g_{ij}, v^j の変換式および $\dfrac{\partial \bar{x}^j}{\partial x^i}\dfrac{\partial x^k}{\partial \bar{x}^j} = \delta_i^k$ を用いて

$$\bar{v}_i = v_j \frac{\partial x^j}{\partial \bar{x}^i}.$$

$\mathfrak{v} = v_i e^i = \bar{v}_i \bar{e}^i$ であるから v_i の変換式を用いて

$$\bar{e}^i = e^j \frac{\partial \bar{x}^i}{\partial x^j}.$$

$(e^i, e^j) = g^{ij}$ より

$$\overline{g}^{ij} = g^{mn}\frac{\partial \overline{x}^i}{\partial x^m}\frac{\partial \overline{x}^j}{\partial x^n}.$$

以上のように変換する $(v^1, v^2, \cdots, v^n)$ を反変ベクトル，$\begin{pmatrix} v_1 \\ v_2 \\ \vdots \\ v_n \end{pmatrix}$ を共変ベクトルという．これは同一ベクトルの異なる表現と考えるべきである．g^{ij} は $v^i v^j$ なる積のごとく変換し，このように変換する量を2階反変テンソルといい，g_{ij} のごとく $v_i v_j$ の積のごとく変換する量を2階共変テンソルという．

$v^i u_i$, $v^i u^i g_{ij}$, $v_i u_j g^{ij}$ のごとく変換に対して不変な量を不変量またはスカラーと呼ぶ．さらに $v^i v^j v_k$ のごとく変換する量を2階の反変，1階の共変なる混合テンソルという．以下同様である[1]．

2個のテンソルの積はテンソルであり，階数はそれぞれの階数の和となる．

$T^{p\,q}_{l\,m\,n}$ のごときテンソルがあるとき，$S^{p\,q}_{l\,n} = T^{p\,m\,q}_{l\,m\,n}$ もテンソルとなる（m に関して和をとる）．この手続きを縮合という．

例えば $T^{ij}_{i\,k}$ に g_{jm} を乗じ j で縮合すれば，3階の共変テンソルができるが，特に

---

[1] 任意のベクトル v^i に対し $u_i v^i$ がスカラーとなるときは u_i がベクトルであること，任意のベクトル v^i に対し $T_{ij}{}^k v^i = S^k_j$ が2階のテンソルならば $T_{ij}{}^k$ が3階のテンソルであること等は容易に証明される．

$$g_{jm}T^{..m}_{i\cdot k} = T^{...}_{imk}$$

で表わす．このように g_{ij}, g^{ij} を用い，添字を上下に動かせるから，添字の上または下に空所を残しておき，そのしるしに点を打つこともある．

　注意せねばならぬのは，スカラーにせよ，ベクトルにせよ，テンソルにせよ，それぞれの点に関して意味があるので，擬真空間における自由ベクトル（始点が任意の位置にあるもの）のごときものではない．変換式が既に場所によって異なっている．

　したがって，異なった場所におけるベクトルの比較は，そのままではできない．一般に接空間内のベクトルを微分したものは，接空間に入らないのである．例えば円周に沿う等速運動において，加速度は中心に向かっている．

　しかし，多様体が特に n 次元ユークリッド空間になるときは，明らかに異なった場所のベクトルを比較できる．そのときには $x^i=t$, $x^j=\text{const}$ $(i \neq j)$ $[i=1, 2, \cdots, n]$ なる n 個の曲線群はユークリッド空間の曲線座標となっている．次にその場合を考える．

4. n 次元ユークリッド空間内の曲線座標につき考える．各点における自然標構を e_i，点 x_0 における自然標構を $\overset{\circ}{e}_i$ とすれば，e_i はユークリッド空間のベクトルだから，$\overset{\circ}{e}_i$ で表わされる．

$$\mathrm{e}_i = \gamma_i{}^k \overset{\circ}{\mathrm{e}}_k$$

これを x^j で微分し, $\left(\dfrac{\partial \gamma_i{}^k}{\partial x^j}\right)_{\underline{x}=\underline{x}_0} = \varGamma_{ij}^k$ とおけば,

$$\left(\dfrac{\partial \mathrm{e}_i}{\partial x^j}\right)_{\underline{x}=\underline{x}_0} = \varGamma_{ij}^k \overset{\circ}{\mathrm{e}}_k.$$

ここで $\underline{x}_0$ は任意の点だから,これを流通座標と考えれば

$$\dfrac{\partial \mathrm{e}_i}{\partial x^j} = \varGamma_{ij}^k \mathrm{e}_k.$$

$\varGamma_{ij}^k$ は自然標構の変化の仕方を示す量である.

$\varGamma_{ij}^k$ より $\varGamma_{k,ij}$ を次式により定義する.

$$\varGamma_{k,ij} = g_{km} \varGamma_{ij}^m, \qquad \varGamma_{ij}^k = g^{km} \varGamma_{m,ij}.$$

$\mathrm{e}_i = \dfrac{\partial \mathfrak{v}}{\partial x^i}$ であるから $\dfrac{\partial \mathrm{e}_i}{\partial x^j} = \dfrac{\partial^2 \mathfrak{v}}{\partial x^j \partial x^i} = \varGamma_{ij}^k \mathrm{e}_k.$

$\dfrac{\partial^2 \mathfrak{v}}{\partial x^j \partial x^i}$ は i, j に関し対称だから $\varGamma_{ij}^k = \varGamma_{ji}^k.$

したがって

$$\varGamma_{k,ij} = \varGamma_{k,ji}.$$

$(\mathrm{e}_i, \mathrm{e}_j) = g_{ij}$ を x_k で微分すれば

$$\begin{aligned}
\dfrac{\partial g_{ij}}{\partial x^k} &= \left(\dfrac{\partial \mathrm{e}_i}{\partial x^k}, \mathrm{e}_j\right) + \left(\mathrm{e}_i, \dfrac{\partial \mathrm{e}_j}{\partial x^k}\right) \\
&= (\varGamma_{ik}^m \mathrm{e}_m, \mathrm{e}_j) + (\mathrm{e}_i, \varGamma_{jk}^l \mathrm{e}_l) \\
&= \varGamma_{ik}^m g_{mj} + \varGamma_{jk}^l g_{il} \\
&= \varGamma_{j,ik} + \varGamma_{i,jk}.
\end{aligned}$$

すなわち

$$\frac{\partial g_{ij}}{\partial x^k} = \Gamma_{j,ik} + \Gamma_{i,jk}.$$

同様に

$$\frac{\partial g_{jk}}{\partial x^i} = \Gamma_{k,ji} + \Gamma_{j,ki} = \Gamma_{k,ji} + \Gamma_{j,ik}.$$

$$\frac{\partial g_{ki}}{\partial x^j} = \Gamma_{i,kj} + \Gamma_{k,ij} = \Gamma_{i,jk} + \Gamma_{k,ji}.$$

したがって

$$\Gamma_{j,ik} = \frac{1}{2}\left(\frac{\partial g_{ij}}{\partial x^k} + \frac{\partial g_{kj}}{\partial x^i} - \frac{\partial g_{ik}}{\partial x^j}\right).$$

かくして $\Gamma_{j,ik}$, したがって Γ_{ik}^j が g_{ij} を用いて表わされ, e_i の変化の仕方が求められた. 次に e^i の変化の仕方を求める. それには $(e_i, e^k) = \delta_i^k$ を微分してみればよい.

$$\frac{\partial}{\partial x^j}(e_i,\ e^k) = 0 \quad \text{より} \quad -\left(\frac{\partial e_i}{\partial x^j},\ e^k\right) = \left(e_i,\ \frac{\partial e^k}{\partial x^j}\right).$$

$\dfrac{\partial e^k}{\partial x^j} = c_{ji}^k e^i$ と置けば

$$\text{右辺} = (e_i,\ c_{jl}^k e^l) = c_{jl}^k \delta_i^l = c_{ji}^k.$$
$$\text{左辺} = -(\Gamma_{ij}^l e_l,\ e^k) = -\Gamma_{ij}^l \delta_l^k = -\Gamma_{ij}^k.$$

したがって

$$\frac{\partial e^k}{\partial x^j} = -\Gamma_{ij}^k e^i.$$

以上の e_i, e^i の変化を表わす式を用いれば, ベクトルを微分することができる. 曲線 $\mathfrak{x} = \mathfrak{x}(t)$ に沿って, ベクトル

$\mathfrak{v}=\mathfrak{v}(t)$ が与えられているとき $\dfrac{d\mathfrak{v}}{dt}$ を求める.

$$\frac{d\mathfrak{v}}{dt} = \frac{d}{dt}(v^i \mathfrak{e}_i) = \frac{dv^i}{dt}\mathfrak{e}_i + v^i \frac{d\mathfrak{e}_i}{dt}$$

$$= \frac{dv^i}{dt}\mathfrak{e}_i + v^i \frac{\partial \mathfrak{e}_i}{\partial x^j}\frac{dx^j}{dt}$$

$$= \frac{dv^i}{dt}\mathfrak{e}_i + v^i \Gamma^k_{ij} \mathfrak{e}_k \frac{dx^j}{dt}.$$

すなわち

$$\frac{d\mathfrak{v}}{dt} = \left(\frac{dv^i}{dt} + v^k \Gamma^i_{kj}\frac{dx^j}{dt}\right)\mathfrak{e}_i.$$

これが $\dfrac{d\mathfrak{v}}{dt}$ の反変成分を与える公式で,$\dfrac{dv^i}{dt}$ の外に項がつけ加わる.簡単のため

$$\mathrm{D}v^i = dv^i + v^k \Gamma^i_{kj} dx^j$$

と置き,これをベクトル v^i の共変微分という[2].

次に $\dfrac{d\mathfrak{v}}{dt}$ の共変成分を求める.

$$\frac{d\mathfrak{v}}{dt} = \frac{d}{dt}(v_i \mathfrak{e}^i) = \frac{dv_i}{dt}\mathfrak{e}^i + v_i \frac{\partial \mathfrak{e}^i}{\partial x^j}\frac{dx^j}{dt}$$

$$= \frac{dv_i}{dt}\mathfrak{e}^i - v_i \Gamma^i_{kj}\mathfrak{e}^k \frac{dx^j}{dt}$$

すなわち

---

[2] $\mathfrak{v}=\mathfrak{v}(\mathfrak{x})$ なるベクトル場が与えられたとき,定点を通る任意の曲線に対して,$\dfrac{\mathrm{D}v^i}{dt} = \dfrac{\mathrm{D}v^i}{\partial x^j}\dfrac{dx^j}{dt}$ が成立し,$\dfrac{\mathrm{D}v^i}{dt}$,$\dfrac{dx^j}{dt}$ は,ベクトルであり,$\dfrac{dx^j}{dt}$ は任意だから $\dfrac{\mathrm{D}v^i}{\partial x^j}$ はテンソルとなる.

$$\frac{d\mathfrak{v}}{dt} = \left(\frac{dv_i}{dt} - v_k \varGamma_{ij}^k \frac{dx^j}{dt}\right)\mathfrak{e}^i.$$

これが $\dfrac{d\mathfrak{v}}{dt}$ の共変成分を与える式で，簡単のため

$$\mathrm{D}v_i = dv_i - v_k \varGamma_{ij}^k dx^j$$

と置き，これを v_i の共変微分という．

テンソル T_{ij}^k は次のごとくに微分すればよろしい．

$$\mathrm{D}\mathrm{T}_{ij}^k = d\mathrm{T}_{ij}^k + \mathrm{T}_{ij}^l \varGamma_{lm}^k dx^m - \mathrm{T}_{lj}^k \varGamma_{im}^l dx^m - \mathrm{T}_{il}^k \varGamma_{jm}^l dx^m$$

$\dfrac{\mathrm{D}v^k}{dt} = 0$ はベクトル $\mathfrak{v}=\mathfrak{v}(t)$ が至るところ平行で，かつ長さの等しいことを示す．$\mathfrak{x}=\mathfrak{x}(t)$ なる曲線（ただしパラメーター t は曲線の長さを表わすとする）の接線ベクトルは $v^i = \dfrac{dx^i}{dt}$ であるから，$\mathfrak{x}=\mathfrak{x}(t)$ が直線であるためには

$$\frac{\mathrm{D}v^i}{dt} = \frac{\mathrm{D}}{dt}\left(\frac{dx^i}{dt}\right) = 0$$

である事が必要にして十分な条件である．

すなわち

$$\frac{d^2 x^i}{dt^2} + \frac{dx^k}{dt}\frac{dx^j}{dt}\varGamma_{kj}^i = 0$$

が直線の方程式となる．

以上はユークリッド空間内の曲線座標に関する話である．多様体が平坦でないときは話が違ってくる．$\dfrac{\partial \mathfrak{e}_i}{\partial x^j} = \varGamma_{ij}^k \mathfrak{e}_k$ はもちろん成立しない．しかし

$$\varGamma_{j,ik} = \frac{1}{2}\left(\frac{\partial g_{jk}}{\partial x^i} + \frac{\partial g_{ij}}{\partial x^k} - \frac{\partial g_{ik}}{\partial x^j}\right)$$

により $\Gamma_{j,ik}$ を数式的に定義してしまえば，これを用いて微分が定義できて，したがってベクトルの平行の定義および直線の方程式に相当する方程式が得られる．このようにして微分を定義すれば，テンソルの微分がやはりテンソルとなることを実際に計算して確かめることができる．次にその幾何学的な意味を考えてみよう．

5. 一般には，曲面上の地図を歪まないように平面上に描くわけにはいかない．しかしある点の近傍だけならば，接平面に正射影することにより，局所的に正確な地図が描ける．さらにそれ以上，ある曲線に沿って正確な紐状の地図が描けるのである．それには路に沿って地図を描き，継ぎ合せていけばよい．例えば球面上で，次ページの図のごとく A から出発して，図の路を通り A に戻れば，その地図は右図のようになる．路のところどころにあるベクトルも右図に現われる．このような地図は，一般に曲面を曲線に沿って平面上に転がしながら正射影をすれば得られる．曲線上の各点における接空間（この場合は接平面）の基礎ベクトル e_1, e_2 も地図上に現われる．地図に現われてしまえば，それは平面内のベクトルのことだから，互いに比較できて，$\dfrac{\partial e_i}{\partial x^j} = \Gamma_{ij}^k e_k$ が成立することになる．これが Γ_{ij}^k の意味である．地図の上に現われたベクトルが平行であれば，そのベクトルは平行であるという（レヴィ=チヴィタの平行）．しかし地図はある路に沿って紐状に描けるだけなのであるから，地図の種類は，曲線の種類がたくさんあ

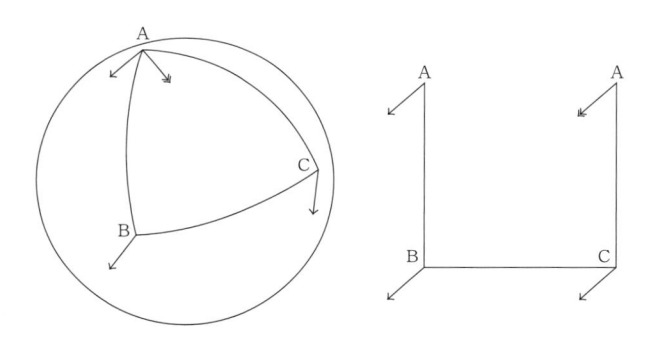

るだけ、たくさんあるわけであって、ある曲線に沿って2つのベクトルが平行であっても、他の曲線に沿って平行であるとは限らない。閉曲線に沿ってベクトルを平行移動させつつ一周すると、前の位置に戻ってもベクトルは前の方向と一致せずに、ある角だけ回転していることは、既述の球面上の例からわかる。球面の場合に、路を三角形にとれば、その回転角が三角形の内角の和の2直角からの超過に等しいことが容易に証明される。したがってベクトルの回転角を三角形の面積で割れば、半径の自乗の逆数が得られる。一般の曲面ではガウスの曲率が得られるのである。

　このように、多様体の各点につくった接空間を、ある曲線に沿って順次つぎ合わせて紐状の地図をつくり、その地図、すなわちユークリッド空間の中で考えようというのが、カルタンの方法である。Γ_{ij}^k は接空間の接続の仕方を決定する。

その意味において，Γ_{ij}^k をリーマン接続の径数という．Γ_{ij}^k を別の形にとれば，リーマン幾何と異なった幾何学が得られる．

6. 以上はユークリッド空間内の多様体の話であるが，それを準備として，リーマン空間の話に入る．まず定義を述べる．次の諸性質を満足する集合 R をリーマン空間というのである．

ⅰ）R は部分集合の列 $\{U_1, U_2, U_3, \cdots\}$ により覆われる．

ⅱ）R は $\{U_1, U_2, \cdots\}$ により連結されている．

ⅲ）U_i はそれぞれユークリッド空間の開区間 V_i と一対一連続に対応する．

$U_i \to V_i$ なる写像を T_i で表わす．U_i, U_j が点 P を共有するとき，P が T_i により V_i の点 $\mathfrak{x}_i$ に，T_j により V_j の点 $\mathfrak{x}_j$ に写像されたとする．U_i, U_j は開集合だから，U_i, U_j に共通に含まれる P の近傍が存在して，これは T_i, T_j によりそれぞれ $\mathfrak{x}_i, \mathfrak{x}_j$ の近傍に写像される．したがってこの $\mathfrak{x}_i, \mathfrak{x}_j$ の近傍は $T_i^{-1}T_j$ なる写像で一対一連続に対応するが

ⅳ）このユークリッド空間内における写像 $T_i^{-1}T_j$ は連続微分可能（必要なだけ，普通は3回まで）である．

したがって V_i の次元数はみな等しく，これをリーマン空間の次数という．以下，次数を n で表わす．R は $\{U_i\}$ により連結しているから，R 内の曲線は U_i 内の曲線の和として表わされる．U_i に含まれる曲線が写像 T_i により

$\mathfrak{x} = \mathfrak{x}(t)$ なるユークリッド空間の曲線に写像され，P が $\mathfrak{x}_0 = \mathfrak{x}(t_0)$ に，Q が $\mathfrak{x}_1 = \mathfrak{x}(t_1)$ に対応するとき

v）P から Q に至る曲線の長さは

$$\int_{t_0}^{t_1} \sqrt{\sum_{i,k=1}^{n} g_{ik} \frac{dx^i}{dt} \frac{dx^k}{dt}} \, dt$$

で表わされる．根号の中は階数 n の 2 次正値形式で，g_{ik} は $\mathfrak{x}$ の連続微分可能な函数である．以上．

条件の v）が一番だいじで，これがリーマン幾何を決定するが，それ以外の条件が必要なわけを実例で示す．球面において，緯度を φ，経度を θ とすれば，球面は $-\frac{\pi}{2} < \varphi < \frac{\pi}{2}$，$0 < \theta < 2\pi$ なる矩形に写像されるが，これでは経度 0 なる線が北極，南極を含めて表わせない．そこでさらに別な軸をとり，前の経度 0 の線と，新しい経度 0 の線が交わらないように経度，緯度を定めれば，前に表わせなかった点もこんどは写像されることになる．経度 0 の線を取り去った残りをそれぞれ U_1，U_2 とすれば，球面は U_1，U_2 で覆われ U_1，U_2 は矩形に一対一連続に写像される．写像の仕方はこれのみに限らないが，少なくとも U_1，U_2 と 2 つは必要である．

一般論に戻って，U_i は T_i により V_i に写像されるが，V_i を一対一連続微分可能な写像で V_i' に写像すれば V_i' が同様な条件を満たす．したがって R の性質は $V_i \to V_i'$ なる変換に対して不変な性質として現われる．

かくてリーマン幾何は一対一連続微分可能な変換に対し

て不変な性質を論ずることになる.

7. ユークリッド空間内の多様体におけると全く同様に, リーマン空間のスカラー, ベクトル, テンソルを定義する.

$\mathfrak{x} \to \bar{\mathfrak{x}}$ なる変換に対して変わらない量がスカラーであり,

$$\bar{v}^i = \frac{\partial \bar{x}^i}{\partial x^j} v^j$$

と変換する n 個の量の組 $(v^1, v^2, \cdots, v^n)$ が反変ベクトルであり, $\bar{v}_i = \dfrac{\partial x^j}{\partial \bar{x}^i} v_j$ と変換する n 個の量の組 $\begin{pmatrix} v_1 \\ \vdots \\ v_n \end{pmatrix}$ が共変ベクトルであり, ベクトルの成分の積のごとく変換するのがテンソルである.

その幾何学的な意味を考えてみよう.

$$\begin{aligned}
\mathfrak{v} &= (v^1, v^2, \cdots, v^n) \\
&= v^1(1, 0, \cdots, 0) + v^2(0, 1, 0, \cdots, 0) \\
&\quad + \cdots + v^n(0, 0, \cdots, 1) \\
&= v^1 \mathfrak{e}_1 + v^2 \mathfrak{e}_2 + \cdots + v^n \mathfrak{e}_n
\end{aligned}$$

と置く. ただし $\mathfrak{e}_i$ は i 番目の成分のみが 1 で他は 0 であるベクトルとする. $\mathfrak{x} \to \bar{\mathfrak{x}}$ なる変換に対して $\bar{v}^i = \dfrac{\partial \bar{x}^i}{\partial x^j} v^j$ なるゆえ, $v^i = \dfrac{\partial x^i}{\partial \bar{x}^j} \bar{v}^j$ となる.

$$\begin{aligned}
\mathfrak{v} &= (v^1, v^2, \cdots, v^n) = \left(\frac{\partial x^1}{\partial \bar{x}^j} \bar{v}^j, \frac{\partial x^2}{\partial \bar{x}^j} \bar{v}^j, \cdots, \frac{\partial x^n}{\partial \bar{x}^j} \bar{v}^j \right) \\
&= \bar{v}^1 \left(\frac{\partial x^1}{\partial \bar{x}^1}, \frac{\partial x^2}{\partial \bar{x}^1}, \cdots, \frac{\partial x^n}{\partial \bar{x}^1} \right) + \bar{v}^2 \left(\frac{\partial x^1}{\partial \bar{x}^2}, \frac{\partial x^2}{\partial \bar{x}^2}, \cdots, \frac{\partial x^n}{\partial \bar{x}^2} \right)
\end{aligned}$$

$$+\cdots+\bar{v}^n\Big(\frac{\partial x^1}{\partial \bar{x}^n},\ \frac{\partial x^2}{\partial \bar{x}^n},\ \cdots,\ \frac{\partial x^n}{\partial \bar{x}^n}\Big)$$
$$=\bar{v}^1\bar{e}_1+\bar{v}^2\bar{e}_2+\cdots+\bar{v}^n\bar{e}_n.$$

ただし
$$\bar{e}_i = \Big(\frac{\partial x^1}{\partial \bar{x}^i},\ \frac{\partial x^2}{\partial \bar{x}^i},\ \cdots,\ \frac{\partial x^n}{\partial \bar{x}^i}\Big) = \frac{\partial x^j}{\partial \bar{x}^i}e_j$$

すなわち $\mathfrak{x} \to \bar{\mathfrak{x}}$ なる変換は,リーマン空間の各点における斜交座標軸に $\bar{e}_i = \frac{\partial x^j}{\partial \bar{x}^i}e_j$ なる座標変換を起こすのである.

ベクトルの大きさは $|\mathfrak{v}|^2 = g_{ik}v^iv^k$ で与えられるが,

$$|\mathfrak{v}|^2 = (\mathfrak{v},\ \mathfrak{v}) = (v^ie_i,\ v^ke_k) = v^iv^k(e_i,\ e_k)$$

なるゆえ, $(e_i,\ e_k) = g_{ik}$ でなければならぬ.これにより斜交軸の形が定まる.ただし原点の周りの回転および任意の超平面に関する鏡像は許されるから,位置は完全には定まらない.以下その証明.

直交座標をとり,それで e_i を表わすと

$$e_i = (a_{i1},\ a_{i2},\ \cdots,\ a_{in})$$

となったとする.まず $(e_i,\ e_k) = g_{ik}$ なる e_i の存在を示す. $a_{ii} > 0$, $a_{ij} = 0\ (i < j)$ とし, $e_1,\ e_2,\ e_3$ の順に順次定めていけば一意的に定まるからそれでよい. $a_{ii} > 0$, $a_{ij} = 0\ (i < j)$ なる条件を除くと一意的には定まらぬ. $(a_{ik}) = A$ と置けば, $(e_i,\ e_k) = g_{ik}$ をまとめて, $A'A = (g_{ik}) = G$ と書ける.他に $(\bar{e}_i,\ \bar{e}_k) = g_{ik}$ なる $\bar{e}_i$ があれば,同様に $\overline{A}$ が定義されて,

$\overline{A}'\overline{A}=G$. ゆえに $\overline{A}G^{-1}=(\overline{A}')^{-1}$. さらに $\overline{A}=TA$ と置けば $T=\overline{A}A^{-1}$ なるゆえ

$$TT' = \overline{A}A^{-1}(\overline{A}A^{-1})' = \overline{A}A^{-1}(A^{-1})'\overline{A}'$$
$$= \overline{A}A^{-1}(A')^{-1}\overline{A}' = \overline{A}(A'A)^{-1}\overline{A}'$$
$$= (\overline{A}G^{-1})\overline{A}' = (\overline{A}')^{-1}\overline{A}' = E.$$

これは T が直交変換であることを示す．ゆえに e_i と $\overline{e}_i$ は直交変換で移り変わることができる．証明了．

e_i が定まれば，直ちに e^i も定まる．かくてリーマン空間の各点に対して基礎ベクトル e_i, e^i が回転と鏡像の自由さを除いて定まったが，異なる点における基礎ベクトルについてはまだ何もいえない．これが Γ_{ij}^k で定まることになる．

8. 2つのリーマン空間，R, $\overline{R}$ の点 $\mathfrak{x}$, $\overline{\mathfrak{x}}$ において $\overline{g}_{ik}=g_{ik}$ なるとき，R, $\overline{R}$ は $\mathfrak{x}$, $\overline{\mathfrak{x}}$ において接するということにする．前述の基礎ベクトル e_i を斜交軸とするユークリッド空間は，リーマン空間に接しているわけである．

さらに接点において $\dfrac{\partial g_{ij}}{\partial x^k}=\dfrac{\partial \overline{g}_{ij}}{\partial \overline{x}^k}$ が成立するとき，2つのリーマン空間はその点において吻接するということにする．

そこで次の事実が成立する．

リーマン空間内の任意の曲線が与えられたとき，ユークリッド空間内に適当な曲線座標を選び，与えられた曲線上のすべての点で，この2空間が吻接するようにできる．こ

れは与えられた曲線に沿って,リーマン空間の局所的に正確な地図を,ユークリッド空間内に描くことに相当する.

証明を後まわしにして,まず証明ができたとする.

$$\Gamma_{j,ik} = \frac{1}{2}\left(\frac{\partial g_{jk}}{\partial x^i} + \frac{\partial g_{ji}}{\partial x^k} - \frac{\partial g_{ik}}{\partial x^j}\right)$$

であるから,吻接する点においては,$\Gamma_{j,ik}$ および Γ_{ik}^j は一致する.Γ_{ik}^j はユークリッド空間内では

$$\frac{\partial \mathrm{e}_i}{\partial x^k} = \Gamma_{ik}^j \mathrm{e}_j$$

なる意味をもっているが,リーマン空間においてはそういかない.しかしある曲線に沿ってならば,すべてのことがらを吻接するユークリッド空間内で考えることができる.ユークリッド空間内では

$$\frac{d\mathrm{e}_i}{dt} = \Gamma_{ik}^j \mathrm{e}_j \frac{dx^k}{dt}$$

が成立するから,この式をリーマン空間における,曲線に沿っての,座標軸の変化を表わす式と考える.同様に

$$\frac{d\mathrm{e}^i}{dt} = -\Gamma_{jk}^i \mathrm{e}^j \frac{dx^k}{dt}.$$

かくて Γ_{jk}^i が曲線に沿って,接空間の接続の仕方を定めることとなる.

曲線に沿って接空間の接続の仕方が定まれば,曲線に沿ってベクトルを微分することができる.

$$\frac{d\mathrm{v}}{dt} = \frac{d}{dt}(v^i \mathrm{e}_i) = \frac{dv^i}{dt}\mathrm{e}_i + v^i \frac{d\mathrm{e}_i}{dt}$$

$$= \left(\frac{dv^i}{dt} + \Gamma^i_{jk} v^j \frac{dx^k}{dt}\right) e_i$$

$$\frac{d\mathfrak{v}}{dt} = \frac{d}{dt}(v_i e^i) = \frac{dv_i}{dt} e^i + v_i \frac{de^i}{dt}$$

$$= \left(\frac{dv_i}{dt} - \Gamma^j_{ik} v_j \frac{dx^k}{dt}\right) e^i.$$

すなわち

$$\frac{\mathrm{D}v^i}{dt} = \frac{dv^i}{dt} + \Gamma^i_{jk} v^j \frac{dx^k}{dt},$$

$$\frac{\mathrm{D}v_i}{dt} = \frac{dv_i}{dt} - \Gamma^j_{ik} v_j \frac{dx^k}{dt}.$$

またレヴィ=チヴィタにしたがい，$\dfrac{\mathrm{D}v^i}{dt}=0$ が曲線上で常に満足されれば，ベクトルは平行であると定義する．以上の微分および平行の定義は，吻接するユークリッド空間内で考えて得られたものであるから，自然であり，$\dfrac{\mathrm{D}v^i}{dt}$，$\dfrac{\mathrm{D}v_i}{dt}$ がベクトルとなることは計算してみるまでもなく明らかである（$\overline{\Gamma}_{k,ij} = \dfrac{\partial x^l}{\partial \overline{x}^k} \dfrac{\partial x^m}{\partial \overline{x}^i} \dfrac{\partial x^n}{\partial \overline{x}^j} \Gamma_{l,mn} + g_{mn} \dfrac{\partial x^m}{\partial \overline{x}^k} \dfrac{\partial^2 x^n}{\partial \overline{x}^i \partial \overline{x}^j}$ を用いて計算してみればよい）．

さて保留しておいた証明に戻る．ユークリッド空間内に適当な曲線座標 $\mathfrak{v}=\mathfrak{f}(\mathfrak{x})$（$\mathfrak{v}$ は直交座標を表わす）をとり，

$$\frac{\partial \mathfrak{v}}{\partial x^i} = \overline{e}_i, \qquad (\overline{e}_i, \overline{e}_j) = \overline{g}_{ij}$$

とする．リーマン空間とユークリッド空間がある曲線に沿って吻接するためには，その曲線上において，

$$g_{ik} = \overline{g}_{ik}, \qquad \frac{\partial g_{ik}}{\partial x^j} = \frac{\partial \overline{g}_{ik}}{\partial \overline{x}^j}$$

であればよい．問題はかかる $\mathfrak{y}=\mathfrak{f}(\mathfrak{x})$ を求めることにあるが，曲線に沿って偏微分式を満足させればよいのだから，寛大すぎる条件で，例えば次のごとき $\mathfrak{y}$ をとればよい．

簡単のために，曲線を $x^1=0$, $x^2=0$, $\cdots$, $x^n=t$ とする．そうでなければ変数変換をして，そう直せばよい．$t=0$ における g_{ik} の値を $\mathring{g}_{ik}$ とし，$(\mathring{e}_i, \mathring{e}_k) = \mathring{g}_{ik}$ なる $\mathring{e}_i$ を定める．これは一意には定まらぬが確かに求められる．次に

$$\frac{d\mathfrak{e}_i(t)}{dt} = \Gamma_{in}^k \mathfrak{e}_k(t)$$

を $\mathfrak{e}_i(0) = \mathring{\mathfrak{e}}_i$ なる条件の下に解けば，解は一意に定まる．（曲線に沿って，常微分方程式を解くのであるから，Γ_{in}^k は t の函数である）．こんどは $\dfrac{d\mathfrak{f}^*(t)}{dt} = \mathfrak{e}_n(t)$ の解を $\mathfrak{f}^* = \mathfrak{f}^*(t) = \mathfrak{f}^*(x^n)$ とし，

$$\mathfrak{y} = \mathfrak{f}(\mathfrak{x}) = \mathfrak{f}^*(x^n) + \sum_{i=1}^{n-1} x^i \mathfrak{e}_i + \frac{1}{2} \sum_{i,j=1}^{n-1} \Gamma_{ij}^k x^i x^j \mathfrak{e}_k$$

により $\mathfrak{y}$ を定義すれば，これが求むる $\mathfrak{y}$ となる（$\sum$ 記号を略した場合は和は 1 から n まで）．式中の $\mathfrak{f}^*$, $\mathfrak{e}_i$, Γ_{ij}^k は x^n のみの函数である．

計算は次の通り．

$$\overline{\mathfrak{e}}_i = \frac{\partial \mathfrak{y}}{\partial x^i} = \mathfrak{e}_i + \sum_{j=1}^{n-1} \Gamma_{ij}^k x^j \mathfrak{e}_k \qquad (i \neq n),$$

$$\overline{\mathfrak{e}}_n = \frac{\partial \mathfrak{y}}{\partial x^n} = \mathfrak{e}_n + \sum_{i=1}^{n-1} \Gamma_{in}^k x^i \mathfrak{e}_k + \frac{1}{2} \sum x^i x^j \frac{d}{dx^n}(\Gamma_{ij}^k \mathfrak{e}_k),$$

$$\frac{\partial \overline{e}_i}{\partial x^j} = \Gamma_{ij}^k e_k \quad (i, j \neq n)$$

$$\frac{\partial \overline{e}_i}{\partial x^n} = \Gamma_{in}^k e_k + \sum_{j=1}^{n-1} x^j \frac{d}{dx^n}(\Gamma_{ij}^k e_k),$$

$$\frac{\partial \overline{e}_n}{\partial x^i} = \Gamma_{in}^k e_k + \sum_{j=1}^{n-1} x^j \frac{d}{dx^n}(\Gamma_{ij}^k e_k),$$

$$\frac{\partial \overline{e}_n}{\partial x^n} = \Gamma_{nn}^k e_k + \sum_{i=1}^{n-1} x^i \frac{d}{dx^n}(\Gamma_{in}^k e_k) + \frac{1}{2}\sum_{i,j=1}^{n-1} x^i x^j \frac{d^2}{dx^{n2}}(\Gamma_{ij}^k e_k).$$

ゆえに曲線 $x_1=x_2=\cdots=x_{n-1}=0,\ x_n=t$ の上では

$$\overline{e}_i = e_i, \quad \frac{\partial \overline{e}_j}{\partial x^i} = \Gamma_{ij}^k e_k$$

が成立し，したがって曲線上において，

$$\frac{\partial \overline{g}_{ik}}{\partial x^j} = \frac{\partial}{\partial x^j}(\overline{e}_i,\ \overline{e}_k) = \left(\frac{\partial \overline{e}_i}{\partial x^j},\ \overline{e}_k\right) + \left(\overline{e}_i,\ \frac{\partial \overline{e}_k}{\partial x^j}\right)$$

$$= \Gamma_{ij}^l(e_l,\ e_k) + \Gamma_{kj}^l(e_i,\ e_l) = \Gamma_{k,ij} + \Gamma_{i,kj} = \frac{\partial g_{ik}}{\partial x^j}$$

かつ $t=0$ で $\overset{\circ}{\overline{g}}_{ik}=(\overset{\circ}{e}_i,\ \overset{\circ}{e}_k)=\overset{\circ}{g}_{ik}$ であるから，常に $\overline{g}_{ik}=g_{ik}$. これで証明がすんだ．

9. リーマン空間において，ベクトルの平行は曲線に沿って定義される．そこでベクトルの平行性が 2 点間を結ぶ曲線に関係しない特別な場合を考える．

その場合には点 $\mathfrak{x}_0$ にあるベクトル $\mathfrak{v}_0$ に平行なベクトルを考えると，それはすべての点において一意に定まるゆえ，ベクトル場 $\mathfrak{v}=\mathfrak{v}(\mathfrak{x})$ が得られる．それは任意の曲線

$\mathfrak{x}=\mathfrak{x}(t)$ 上で

$$\frac{dv^i}{dt} + \Gamma^i_{kj} v^k \frac{dx^j}{dt} = 0$$

を満足するから,

$$\frac{\partial v^i}{\partial x^j} + \Gamma^i_{mj} v^m = 0$$

を満足する. この式と $\dfrac{\partial^2 v^k}{\partial x^i \partial x^j} = \dfrac{\partial^2 v^k}{\partial x^j \partial x^i}$ より, 次の重要な式が得られる.

$$R^k_{l,ji} = \frac{\partial \Gamma^k_{li}}{\partial x^j} - \frac{\partial \Gamma^k_{lj}}{\partial x^i} + \Gamma^k_{\rho j} \Gamma^\rho_{li} - \Gamma^k_{\rho i} \Gamma^\rho_{lj} = 0.$$

ユークリッド空間でこの式が成立することは明らかであるが, 逆にこの式が成立するのはユークリッド空間に限る. ただし円柱や円錐等, 展開可能な曲面は平面と考えることにする. 微分幾何の立場からは全体の形までを決定することはできない.

偏微分方程式の定理によれば

$$\frac{\partial z_j}{\partial x_i} = P_{ij}(z, x) \quad (j=1, 2, \cdots, m\,;\, i=1, 2, \cdots, n)$$

(これを略して $dz_j = \sum_{i=1}^{n} P_{ij}(z,x) dx_i$ $(j=1, 2, \cdots, m)$ と書き, 全微分方程式と呼ぶ) が解を有するための必要十分条件は

$$\frac{\partial P_{ik}}{\partial x_j} + \sum_{l=1}^{m} \frac{\partial P_{ik}}{\partial z_l} P_{jl} = \frac{\partial P_{jk}}{\partial x_i} + \sum_{l=1}^{m} \frac{\partial P_{jk}}{\partial z_l} P_{il}$$

である.

これを用いれば, $R^k_{l,ji} = 0$ は

$$\frac{\partial e_i}{\partial x^j} = \Gamma_{ij}^k e_k$$

が $e_i = e_i(\mathfrak{x})$ なる解を持つための必要十分条件になっている. この解は $\frac{\partial}{\partial x^k}(e_i, e_j) = \frac{\partial g_{ij}}{\partial x^k}$ を満足するから, 一点で $(e_i, e_j) = g_{ij}$ が満足されれば, 全空間でこの式が成立する.

次に $\frac{\partial \mathfrak{v}}{\partial x^i} = e_i(\mathfrak{x})$ を考えると, これが解を有するための必要十分条件は $\Gamma_{ij}^k = \Gamma_{ji}^k$ であり, これは明らかに成立するから, この解を $\mathfrak{v} = \mathfrak{f}(\mathfrak{x})$ とする. $\mathfrak{v}$ をユークリッド空間の直交座標とし, $\mathfrak{v} = \mathfrak{f}(\mathfrak{x})$ を曲線座標を表わす式と考えれば, この曲線座標においては $ds^2 = g_{ik} dx^i dx^k$ となるから, 与えられたリーマン空間はユークリッド空間と一致する.

10. 一般のリーマン空間においては $R_{l,ji}^k$ は 0 とならない. これがテンソルであることは次式よりわかる.

$$\frac{D^2 v^k}{\partial x^i \partial x^j} - \frac{D^2 v^k}{\partial x^j \partial x^i} = R_{\rho, ij}^k v^\rho.$$

このテンソルをリーマンの曲率テンソルという. その幾何学的意味は次の通りである.

一点 $\mathfrak{x}_0$ においてベクトル $\mathfrak{v}_0$ を考える. これを曲線 $\mathfrak{x} = \mathfrak{x}_0 + t\mathit{\Delta}_1\mathfrak{x}$ ($\mathit{\Delta}_1 x^i$ は定数) に沿って平行移動し, さらに曲線上の各点を出発点とし, 曲線 $\mathfrak{x} = (\mathfrak{x}_0 + t\mathit{\Delta}_1\mathfrak{x}) + s\mathit{\Delta}_2\mathfrak{x}$ (t, $\mathit{\Delta}_1 x^i$, $\mathit{\Delta}_2 x^i$ は定数) に沿いベクトルを平行移動すれば, 曲面

$$\mathfrak{x} = \mathfrak{x}_0 + t\mathit{\Delta}_1\mathfrak{x} + s\mathit{\Delta}_2\mathfrak{x} \quad (t, s はパラメーター)$$

上の各点にベクトル $\mathfrak{v}_1 = \mathfrak{v}_1(t, s)$ が与えられる. これは曲線 $\mathfrak{x} = \mathfrak{x}_0 + t\varDelta_1\mathfrak{x}$ 上で $\dfrac{\mathrm{D}\overset{1}{v}{}^i}{\partial t} = 0$ を, 曲面 $\mathfrak{x} = (\mathfrak{x}_0 + t\varDelta_1\mathfrak{x}) + s\varDelta_2\mathfrak{x}$ 上で $\dfrac{\mathrm{D}\overset{1}{v}{}^i}{\partial s} = 0$ を満足するから

$$\frac{\partial \overset{1}{v}{}^i}{\partial t} = -\varGamma^i_{jk}\overset{1}{v}{}^k \varDelta_1 x^j, \quad (s=0 \text{ に対し}),$$

$$\frac{\partial \overset{1}{v}{}^i}{\partial s} = -\varGamma^i_{jk}\overset{1}{v}{}^k \varDelta_2 x^j, \quad (t, s \text{ 任意}).$$

したがって $t=0$, $s=0$ において次式が成立する.

$$\frac{\partial^2 \overset{1}{v}{}^i}{\partial t^2} = -\frac{\partial \varGamma^i_{jk}}{\partial x^l}\overset{\circ}{v}{}^k \varDelta_1 x^j \varDelta_1 x^l + \varGamma^i_{jk}\varGamma^k_{lm}\overset{\circ}{v}{}^m \varDelta_1 x^j \varDelta_1 x^l,$$

$$\frac{\partial^2 \overset{1}{v}{}^i}{\partial t \partial s} = -\frac{\partial \varGamma^i_{jk}}{\partial x^l}\overset{\circ}{v}{}^k \varDelta_2 x^j \varDelta_1 x^l + \varGamma^i_{jk}\varGamma^k_{lm}\overset{\circ}{v}{}^m \varDelta_2 x^j \varDelta_1 x^l,$$

$$\frac{\partial^2 \overset{1}{v}{}^i}{\partial s^2} = -\frac{\partial \varGamma^i_{jk}}{\partial x^l}\overset{\circ}{v}{}^k \varDelta_2 x^j \varDelta_2 x^l + \varGamma^i_{jk}\varGamma^k_{lm}\overset{\circ}{v}{}^m \varDelta_2 x^j \varDelta_2 x^l.$$

平行移動の順を取り替え, まず $\mathfrak{x} = \mathfrak{x}_0 + s\varDelta_2\mathfrak{x}$ に沿い平行移動させ, 次に $\mathfrak{x} = (\mathfrak{x}_0 + s\varDelta_2\mathfrak{x}) + t\varDelta_1\mathfrak{x}$ に沿って平行移動させて得られたベクトルを $\mathfrak{v}_2 = \mathfrak{v}_2(t, s)$ とすれば, 次式が得られる.

$$\frac{\partial \overset{2}{v}{}^i}{\partial t} = -\varGamma^i_{jk}\overset{2}{v}{}^k \varDelta_1 x^j, \quad (t, s \text{ 任意}),$$

$$\frac{\partial \overset{2}{v}{}^i}{\partial s} = -\varGamma^i_{jk}\overset{2}{v}{}^k \varDelta_2 x^j, \quad (t=0),$$

$$\frac{\partial^2 \overset{2}{v}{}^i}{\partial t^2} = -\frac{\partial \varGamma^i_{jk}}{\partial x^l}\overset{\circ}{v}{}^k \varDelta_1 x^j \varDelta_1 x^l + \varGamma^i_{jk}\varGamma^k_{lm}\overset{\circ}{v}{}^m \varDelta_1 x^j \varDelta_1 x^l,$$

$$(t=s=0),$$

$$\frac{\partial^2 \overset{2}{v}{}^i}{\partial s \partial t} = -\frac{\partial \Gamma^i_{jk}}{\partial x^l}\overset{\circ}{v}{}^k \Delta_1 x^j \Delta_2 x^l + \Gamma^i_{jk}\Gamma^k_{lm}\overset{\circ}{v}{}^m \Delta_1 x^j \Delta_2 x^l,$$
$$(t=s=0),$$

$$\frac{\partial^2 \overset{2}{v}{}^i}{\partial s^2} = -\frac{\partial \Gamma^i_{jk}}{\partial x^l}\overset{\circ}{v}{}^k \Delta_2 x^j \Delta_2 x^l + \Gamma^i_{jk}\Gamma^k_{lm}\overset{\circ}{v}{}^m \Delta_2 x^j \Delta_2 x^l,$$
$$(t=s=0).$$

$t=0$, $s=0$ において $\mathfrak{v}_1=\mathfrak{v}_2=\mathfrak{v}_0$ であり,さらに $t=0$, $s=0$ で次式が成立する.

$$\frac{\partial}{\partial t}(\overset{1}{v}{}^i-\overset{2}{v}{}^i) = \frac{\partial}{\partial s}(\overset{1}{v}{}^i-\overset{2}{v}{}^i) = 0,$$

$$\frac{\partial^2}{\partial t^2}(\overset{1}{v}{}^i-\overset{2}{v}{}^i) = \frac{\partial^2}{\partial s^2}(\overset{1}{v}{}^i-\overset{2}{v}{}^i) = 0,$$

$$\frac{\partial^2}{\partial t \partial s}(\overset{1}{v}{}^i-\overset{2}{v}{}^i) = R^i_{j,lm}\overset{\circ}{v}{}^j \Delta_1 x^m \Delta_2 x^l.$$

g_{ik} の3回までの微分可能性があれば,微分学におけるテイラーの定理により,

$$\overset{1}{v}{}^i(t, s) - \overset{2}{v}{}^i(t, s) = (R^i_{j,lm}\overset{\circ}{v}{}^j \Delta_1 x^m \Delta_2 x^l)\, ts + o(t^2+s^2),$$

ゆえに $t\Delta_1 x^m = d_1 x^m$, $s\Delta_2 x^l = d_2 x^l$ と置き

$$dv^i = R^i_{j,lm} v^j d_1 x^m d_2 x^l$$

と置けば,dv^i はベクトル v^i を,$d_1 x^m$, $d_2 x^m$ が囲む平行四辺形の周に沿い一周して平行移動した際の変化にほぼ等しいことがわかる.

空間と時間

ミンコフスキー

空間と時間

諸君，私がこれから諸君にお話ししたいと思う空間と時間についての考え方は，実験物理学の土台の上に生長したものです．そこにこの考え方の強みがあります．それは革新的な傾向を持っています．この時から，空間や時間はそれぞれ独立しては陰に没し去り，両者のある種の結合のみが存在することになるはずです．

I.

最初に，現在行われている力学から，いかにして空間と時間についての新しい考え方が純数学的考察によって生じ得るかを述べたいと思います．

ニュートン力学の方程式は2種類の不変性を示します．第一に空間の座標系を任意に変えても方程式の形は変わらないし，第二には座標系の運動状態を変化させても，すなわちそれに一様な併進運動をさせても同様ですし，また時間を測る基点にも関係しません．力学の原理がよくわかったと考えるときには，幾何学の公理は既にわかったものと考えるのが普通ですから，この2つの不変性が一息に指摘

されることは稀です．この2つの変換は，どちらもそれ自身，力学の微分方程式に対するある変換群になっています．第一の群の存在は空間の基本的な性質と見なされます．二番目の群はたびたび軽視されます．そうすれば，空間が結局静止しているか等速運動をしているかを，物理的現象からは決して判定できないという事実を，手軽に避けることができるからです．こうして2つの群は全く離ればなれになります．この2つは性質が全く異なるので，組み合わせることを考えつくに至らなかったのかもしれません．しかしちょうど合成した群が全体として我々にとって考えるべき問題となるのであります．

　これから種々の関係を図で目に見えるようにして調べてみましょう．x, y, z を空間の直交座標とし，t を時間とします．我々の感覚の対象は常に場所と時間に結びついています．誰でもある時刻にある場所を認めるし，またある場所である時刻を認めます．しかし空間と時間がそれぞれ独立した意味を持つという独断に，なお注意をはらうことにしましょう．ある時刻におけるある空間の点すなわち，x, y, z, t の4つの数値の組を世界点（Weltpunkt）と名づけたいと思います．x, y, z, t にあらゆる値を入れた全体を世界（Welt）といいます．黒板に白墨でおもいきって4つの座標軸が書ければいいのですが．しかし既に1本の座標軸を書いてさえ，それは振動する分子でできていて，そのうえ，地球と一緒に宇宙を動きますから，それだけでもけっこう抽象化が要ります．数が4つになって抽象の程度が

幾分増したところで，数学者にとってはそれほど困ったことにはなりません．何事も起こっていないような空所をなくするために，いかなる場所にも，またどんな時刻にも，何か感覚できるものがあると考えたいと思います．それは物質とも電気ともいえないから実体（Substanz）ということにしましょう．さて世界点 x, y, z, t にある実体点に注目し，この実体点をいかなる時刻にも繰返し識別できると想像します．時間変化 dt に対してこの実体点の空間座標の変化 dx, dy, dz が対応します．そうすると実体点のいわば無窮の生涯の映像として，世界の中に一つの曲線，すなわち世界線（Weltlinie）が得られます．その上の点は $-\infty$ から $+\infty$ に変化するパラメーター t に一意的に対応します．全世界はこういう世界線に分解されると考えられます．そして物理法則は世界線の間の相互関係として最も完全に表現されるはずだという，私の意見をあらかじめ述べておきたいと思います．

空間と時間の概念によれば，x, y, z の種々な値に対する全体は，$t=0$，$t>0$，$t<0$ の3部分に分かれます．簡単のため，空間と時間の原点を固定すると，力学の方程式を不変にする最初の群は，$t=0$ における x, y, z 軸を原点のまわりに任意に回転すること，すなわち

$$x^2+y^2+z^2$$

を不変にする斉1次変換[1]を意味します．それに対して第二の群は，α, β, γ を任意の定数とし，

$$x, y, z, t$$

を

$$x - \alpha t, \ y - \beta t, \ z - \gamma t, \ t$$

で置き変えることを意味します．したがって時間軸は世界の上半分，すなわち $t>0$ の方向に向かって全く任意の方向にとることができます．空間における直交性の要求と，時間軸の上方へ向けての完全な自由さとの間にはどんな関係があるのでしょうか？

その関係をつけるために，正のパラメーター c をとり，次の式を考えます．

$$c^2 t^2 - x^2 - y^2 - z^2 = 1.$$

これは二葉双曲面と同様に，$t=0$ の両側の 2 つの葉からできています．その $t>0$ の部分を考え，この式を不変に保つ，x, y, z, t から x', y', z', t' への斉 1 次変換を考えます．その変換にはもちろん原点を中心とする空間の回転が含まれます．したがってそれ以外の変換を完全に理解するには，y, z を変えない変換を考えれば十分です．第 1 図にはかの超双曲面の $t>0$ の部分を x 軸，t 軸を含む面で切った断面，すなわち双曲線 $c^2 t^2 - x^2 = 1$ の上側の分枝と，その漸近線が描かれてあります．原点 O から双曲線上の任

---

1) 直交変換と呼ばれる．（訳者）

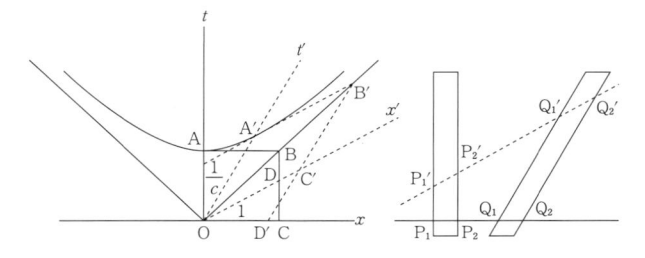

意の点 A′ に OA′ を引き，A′ における双曲線の接線が右側の漸近線と交わる点を B′ とし，平行四辺形 OA′B′C′ を作り，さらに B′C′ と x 軸の交点を D′ とします．OC′, OA′ を平行座標の x' 軸，t' 軸とし，OC′=1, OA′=$\frac{1}{c}$ となるように単位をきめると，双曲線の分枝は再び $c^2 t'^2 - x'^2 = 1$, $t' > 0$, で表わされ，x, y, z, t から x', y, z, t' への変換は，問題の変換になります．さてこの特性を持つ変換にさらに空間，時間の原点の移動をつけ加えて変換群をつくれば，それは明らかにパラメーター c に関係する変換群で，それを G_c[2] と名づけます．

c を無限に大きくすると $\frac{1}{c}$ は零に収斂し，双曲線の分枝は次第に x 軸に接近し，漸近線のなす角は2直角に近づき，したがって x, t を x', t' に変える変換において，t' 軸を上方へ任意の方向にとることができ，x' 軸はますます x 軸に近づくように変わっていくことが，描いた図において

---

2) G_c はローレンツ変換群と呼ばれる．（訳者）

うなずかれます．このことを考えれば，G_cにおいてcを∞にした極限，すなわちG_∞がかのニュートン力学に属する変換群[3]となることは明らかです．こういう事情の下で，それにG_cはG_∞よりも数学的には理解しやすいのだから，数学者は囚われぬ空想により，次のことを思いついてもよかったはずでした．自然現象はじつはG_∞の下で不変なのではなくて，ある有限確定の，しかし通常の単位で測ると非常に大きい定数cに対するG_cの下で不変になるのではあるまいかと．こんな予想こそ純正数学者の抜群の功績でありえたはずです．いまさらそういっても智慧の出し遅れですが，しかし幸運な先達のおかげで，この自然解釈の変改の深い結論を，囚われぬ見通しによる鋭い智慧で直ちに導くことができれば，数学者にはなお名誉回復の余地が残されています．

結局cがどんな数値になるのかは直ちに述べます．cとして真空中の光の伝播速度が登場します．空間とか真空とかいう語を避けるために，電磁単位と静電単位の比とすることもできます．

この群G_cに対する，自然法則の不変性の成立は次のようにいい表わすべきでしょう．

あらゆる自然現象を基にして次第に近似すれば，ますます精密に世界座標の値，すなわちx, y, z, tの組，すなわち空間と時間の値が得られ，それを用いて自然現象はそれ

---

3) G_∞はガリレイ変換群と呼ばれる．（訳者）

ぞれ定まった法則の形に表現される.しかしこの世界座標は現象に対して一意的に定まるわけではなく, G_c の変換に対応して, 自然法則の形を変えずに変換できると.

例えば前の図についていえば, t' を時間というと x', y, z を空間と定義しなければならず, そして物理法則は x', y, z, t' により, x, y, z, t と全く同様に表わされます. したがって世界には一つの定まった空間があるわけでなく, 無限に多くの空間があることになるのは, 3次元空間の中に無限に多くの平面があるのと同様です. 3次元の幾何学は4次元の物理学の一章になります. そこで私が最初にいった, 空間と時間は意味を失い, ただ一つの世界のみが成立しうるということがおわかりでしょう.

II.

さて, どんな事情によって空間や時間の考え方を変更しなければならなかったか, それは実際に現象と矛盾しないか, 最後にそれは現象の記述に有利であるか, ということが問題になります.

その問題に入る前に, 重要な注意をしておきましょう. 空間と時間をいちおう孤立させて考えると, 静止した実体点の世界線は t 軸に平行な直線となり, 等速運動をする実体点のは t 軸に傾斜する直線に, 等速でなく動く実体点のは何か曲線になります. 任意の世界点 x, y, z, t を通る世界線を考え, その点におけるその世界線の接線に平行に原

点からかの超双曲面へ直線 OA′ を引き，OA′ を新しい時間軸として導入すると，空間時間の新しい考え方によれば，この座標系においては実体はその点で静止していることになります．そこで次の基本公理を導入したいと思います．

いかなる世界点における実体も，常に適当な空間と時間とを選ぶことにより，静止しているものと見なすことができる．

この公理は，いかなる世界点においても

$$c^2dt^2 - dx^2 - dy^2 - dz^2$$

が常に正値であることを意味し，それはいかなる速度 v も常に c より小であるということと同じことになります．そこで c はあらゆる実体の速度の上限となり，そこに c という量の深い意味が潜んでいます．公理をこのようにいい表わすと，一見やや不思議に思われます．しかし，新たに修正された力学では，前に書いた微分式の平方根が現われるので，光速度以上の速度の場合は，単に幾何学における虚の座標をもった図形のような役割しかしないのだと考えるべきです．

群 G_c を採用しなければならなくなった動機や真の理由は，真空中の光の伝播の微分方程式が，この群 G_c をもつことからきています[4]．ところが一方，剛体の概念は，群

---

4) これは既に W. Voigt, Göttinger Nachr, 1887, S. 41. において応用された．

G_∞ をもつ力学においてのみ意味を持ちます.一方に G_c をもつ光学があり,他方に剛体があるとしたら,それぞれ G_c, G_∞ に属する 2 つの双曲面によって,ただ一つの t の方向が選びだされることや[5],したがって実験室でなにか適当な剛体の光学機械の方向をいろいろ変えて実験すれば,地球の進行方向になにか変わった現象が観測されるはずだということが結論されることも容易に了解されます.しかしながら,この目的に向けられた努力は,有名なマイケルソンの干渉の実験をはじめ,すべて否定的な結果に終りました.これを説明するために H. A. ローレンツは一つの仮説をたてました.その成果はやはり群 G_c に対する光学の不変性にあります.ローレンツによれば,どんな物体でも運動していれば進行の方向に短縮すべきだというので,速度が v ならばその短縮の割合は

$$1 : \sqrt{1 - \frac{v^2}{c^2}}$$

だというのです.この仮説ははなはだ幻想的です.なぜなら,短縮はエーテルの抵抗の結果ではなくて,ただ運動していることだけによって起こるのですから.

さて先ほどからの図によって,ローレンツの仮説が空間時間の新しい考え方と全く一致すること,さらにこの考え方の方がはるかにわかりやすいことを示したいと思いま

---

[5] G_c で不変で,かつ G_∞ で不変なものは,G_c, G_∞ に共通に含まれる変換群に対して不変となる.G_c, G_∞ の共通部分群は直交変換群である.これは絶対空間,絶対時間の存在を示す.(訳者)

す．簡単のため y, z を考えずに，空間的には 1 次元の世界を考えましょう．そうすると t 軸と平行な，または t 軸と角をなす平行線束は，それぞれ静止または等速運動をする一定の空間的広がりをもつ物体の映像になります．2 番目の平行線束に OA′ が平行だとし，t' を時間，x' を空間座標として導入すると，その座標系では，第二の物体が静止し，第一のが等速運動をするように見えます．さて第一の物体が止まっているとき，その長さが l である，すなわち第一の平行線束を x 軸で切った長さ P_1P_2 が $l \times$ OC（OC は x 軸の長さの単位）であるとし，一方，第二の物体が静止するように座標をとったときの長さも同じく l になったとします．それは第二の平行線束を x' 軸に平行に切ったときの切口 $Q_1'Q_2'$ が $l \times$ OC′ になるということです．そこでこの 2 つの物体を，一方は静止し，他方は等速運動をする 2 つのローレンツの電子としましょう．ところが初めの座標系 x, t を固定すると，第二の電子の大きさは，それに対する平行線束を x 軸と平行に切った Q_1Q_2 として与えられます．明らかに

$$Q_1'Q_2' = l \times \mathrm{OC}', \quad Q_1Q_2 = l \times \mathrm{OD}'$$

かつ 2 番目の平行線束については $\dfrac{dx}{dt} = v$ だから，簡単な計算により

$$\mathrm{OD}' = \mathrm{OC}\sqrt{1 - \frac{v^2}{c^2}} \quad {}^{6)}$$

したがって

$$P_1P_2 : Q_1Q_2 = 1 : \sqrt{1-\frac{v^2}{c^2}}.$$

これが運動する電子の短縮に対するローレンツの仮説の意味です．一方，第二の電子を静止させて考えると，すなわち座標系 x', t' について考えると，第一の電子の長さは，その平行線束を OC′ に平行に切った切口 $P_1'P_2'$ で表わされ，第一の電子は第二の電子に対し，前のと全く同じ割合で短縮することがわかるでしょう．図について次の関係が成立することから明らかです．

$$P_1'P_2' : Q_1'Q_2' = OD : OC'$$
$$= OD' : OC = Q_1Q_2 : P_1P_2$$

ローレンツは t' と x, t の関係を，等速運動をする電子の

---

6) 直線 OA′ は $x=vt$ で表わされるから，A′ は

$$\left(\frac{v}{\sqrt{c^2-v^2}}, \frac{1}{\sqrt{c^2-v^2}}\right).$$

ゆえに A′ における接線 A′B′ は

$$\frac{c^2 t}{\sqrt{c^2-v^2}} - \frac{vx}{\sqrt{c^2-v^2}} = 1$$

漸近線 OB′ は $x=ct$ なるゆえ B′ は

$$\left(\frac{c+v}{\sqrt{c^2-v^2}}, \frac{c+v}{c\sqrt{c^2-v^2}}\right).$$

B′D′ は OA′ に平行だから，

$$\left(x - \frac{c+v}{\sqrt{c^2-v^2}}\right) = v\left(t - \frac{c+v}{c\sqrt{c^2-v^2}}\right).$$

ゆえに $OD' = \sqrt{1-\frac{v^2}{c^2}}$．OC=1 なるゆえ $OD' = \sqrt{1-\frac{v^2}{c^2}}OC$．新座標系 x', t' に関し全く同様に $OD = OC'\sqrt{1-\frac{v^2}{c^2}}$．（訳者）

局所時（Ortszeit）と名づけ，この概念の物理的意味を用いて，短縮仮説をさらにわかりやすく構成しました．しかし，ある電子の時間も，他の電子の時間も同等であること，すなわち t も t' も同格に取り扱えることをはっきり認めたのはアインシュタイン[7]の功績をもって最初とします．それからは，時間は諸現象全般を通じて一意的に定まる概念ではなくなりました．アインシュタインやローレンツが空間の概念を変更しなかったのは，たぶんいわゆる特殊変換では，x', t' 平面は x, t 平面と一致するので，空間の x 軸はそのままにしておいてもよいと考えられたからでしょう．空間の概念を同様の方法で変更したのは，数学的文化の大胆さの功績です．群 G_c を真に理解するためには必要欠くべからざるこの大進歩をした後に考えてみると，相対性の原理という言葉は，群 G_c に対する不変性の要求に対しては力弱く感ぜられます．この原理は，諸現象によって空間時間の4次元の世界が与えられるだけであって，空間または時間への射影はある随意さをもって行われることを意味するのですから，私はむしろこの主張に絶対世界の公準（縮めて世界公準）という名を与えたいと思います．

III.

世界公準により，4つの座標軸 x, y, z, t を同格に取り

---

[7] A. Einstein, Ann. d. Phys. 17, (1905) S. 891; Jahrb. d. Radioaktivität und Elektronik 4 (1907) S. 411.

扱えるようになります．そうすると，私がこれから示すように，物理法則全般を支配する形式がわかりやすくなります．特に加速度の概念がはなはだめだった特徴をもちます．

私はこれから幾何学的表現法を使いますが，その際，x, y, z 3つのうち z を考えないでおきます．任意の世界点 O を原点とします．O を頂点とする円錐 $c^2t^2 - x^2 - y^2 - z^2 = 0$ は $t<0$ と $t>0$ の2つの部分からできています．前者は O の過去円錐と呼ばれ「O に光を送る」点の全体から成り，後者は O の未来円錐と呼ばれ「O から光を受ける」点の全体からできています．

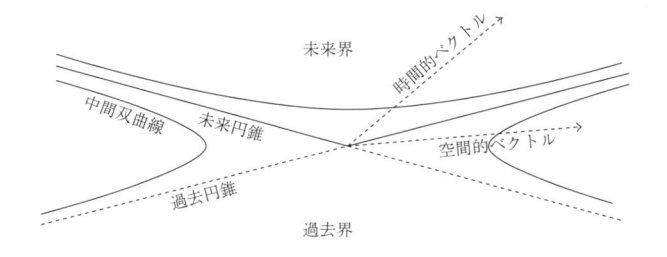

過去円錐のみを境とする部分を「O の過去界」，未来円錐のみを境とする部分を「O の未来界」といいます．既に考察のされた双曲面の葉

$$F = c^2t^2 - x^2 - y^2 - z^2 = 1, \qquad t>0$$

は O の未来界にあります．円錐の中間にある部分は次の

一葉双曲面の k^2 にあらゆる正数値を入れたもので満たされています.

$$-F = x^2+y^2+z^2-c^2t^2 = k^2.$$

この一葉双曲面の上にあり，O を中心とする双曲線は重要です．この双曲線の分枝を，単に中心 O に対する中間双曲線と呼ぶことにします．かかる双曲線は，実体点の世界線として考えると，$t=-\infty$，$t=\infty$ に対して漸近的に光速度 c に近づく運動を表わします．

空間のベクトル概念と同様に，x, y, z, t の多様体における方向のついた線分をベクトルと呼びます．そこで O から $F=1$，$t>0$ なる双曲面葉への方向をもつ時間的ベクトルと，$-F=1$ への方向をもつ空間的ベクトルとを区別しなければなりません．時間軸は任意の時間的ベクトルと平行にとることができます．過去円錐と未来円錐の中間にある点は適当な世界座標系をとれば，O と同時であるようにもできるし，O より早くなるようにも，遅くなるようにもできます[8]．O の過去界の世界点はすべて，必ず O より早く，O の未来界の世界点は必ず O より遅いのです．c を無限大に近づけることは，円錐にはさまれている楔状の部

---

[8] O の過去円錐，未来円錐の中間に含まれる世界点を P とすれば，O より発した光は P に達しないし，P を出た光は O に達しない．光速度より速い速度はないから，O と P にある 2 実体は何らの作用を及ぼしあわない．したがって過去とも未来ともいえない．（訳者）

分を $t=0$ なる平面の多様体に全く一致させることになります. 図ではこの楔状の部分をわざと種々の異なった幅に描いてあります.

O から x, y, z, t への任意のベクトルは 4 つの成分 x, y, z, t に分解されます. 2 つのベクトルの方向が, 原点から $\mp F=1$ に至る動径ベクトル OR, および R における面の接線 RS とそれぞれ一致するとき, 2 つのベクトルは互いに直交するといいます. したがってベクトル x, y, z, t と x_1, y_1, z_1, t_1 とが直交するための条件は

$$c^2 t t_1 - x x_1 - y y_1 - z z_1 = 0$$

です[9].

種々の方向をもつベクトルの大きさを定めるには, O から $-F=1$ に至る空間的ベクトルの大きさが常に 1 で, O から $+F=1$, $t>0$ に至る時間的ベクトルの大きさが常に $\frac{1}{c}$ になるように単位を定めなければなりません.

さて任意の世界点 P(x, y, z, t) を通るある実体点の世界線を考えると, 曲線に沿って時間的ベクトル要素 dx, dy, dz, dt に対し量

---

[9] 超双曲面 $\mp F=1$ 上の点 (x, y, z, t) における接平面は, X, Y, Z, T を流通座標として $c^2 tT - xX - yY - zZ = \pm 1$. これと平行で原点を通る平面は $c^2 tT - xX - yY - zZ = 0$ であるゆえ, ベクトル (x_1, y_1, z_1, t_1) がこの平面と平行ならば
$$c^2 t t_1 - x x_1 - y y_1 - z z_1 = 0.$$
これがすなわちベクトル (x, y, z, t), (x_1, y_1, z_1, t_1) の直交条件である. (訳者)

$$d\tau = \frac{1}{c}\sqrt{c^2 dt^2 - dx^2 - dy^2 - dz^2}$$

が対応します. この量をある定まった始点 P_0 から, 任意の終点 P まで積分した $\int d\tau = \tau$ を実体点の P における固有時 (Eigenzeit) といいます[10]. 世界線に沿って x, y, z, t を, すなわちベクトル OP の成分を, 固有時 τ の関数と考え, その τ による第 1 次微分係数を $\dot{x}, \dot{y}, \dot{z}, \dot{t}$ で, 第 2 次微分係数を $\ddot{x}, \ddot{y}, \ddot{z}, \ddot{t}$ で表わします. こうして得られた, OP を τ で微分したベクトルを P における速度ベクトル, 速度ベクトルを τ で微分したベクトルを加速度ベクトルと名づけます. そこで

$$c^2 \dot{t}^2 - \dot{x}^2 - \dot{y}^2 - \dot{z}^2 = c^2,$$
$$c^2 \dot{t}\ddot{t} - \dot{x}\ddot{x} - \dot{y}\ddot{y} - \dot{z}\ddot{z} = 0$$

が成立します. すなわち速度ベクトルは P における世界線の方向をもつ大きさ 1 の時間的ベクトルであり, 加速度ベクトルは速度ベクトルと直交し, したがって常に空間的ベクトルです.

P において世界線と無限に接近した 3 点を共有し, かつその漸近線が円錐の母線と平行になる双曲線がただ一つ定まることは容易にわかります. これを P における曲率双曲線といいます. この双曲線の中心を M とすると, ここ

---

10) $d\tau$ は完全微分でない. すなわち 2 点 O, P を結ぶ 2 つの世界線につき $\int_0^P d\tau$ の値は異なる. 実体の速度が大であれば $\int d\tau$ は小となる. アインシュタインは「運動する者の持つ時計は遅れる」という. (訳者)

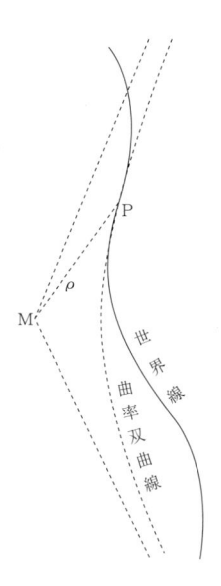

では中心 M に対する中間双曲線が問題になります．MP の大きさを ρ とすれば，P における加速度ベクトルは方向が MP で大きさは $\dfrac{c^2}{\rho}$ となることがわかります[11]．$\ddot{x}$, $\ddot{y}$,

---

11) P を原点に，P における世界線の接線，接触平面をそれぞれ t 軸，xt 平面にとれば，P において

$$\dot{x}=\dot{y}=\dot{z}=0, \quad \dot{t}=1; \quad \ddot{x}=\frac{d^2x}{dt^2}, \quad \ddot{y}=\ddot{z}=\ddot{t}=0$$

となる．P において世界線と 2 次の接触をする中間双曲線は原点で t 軸に接し，xt 平面に含まれるゆえ $x^2-c^2t^2=-2\rho x$ で表わされる．この双曲線の中心 M は $(-\rho, 0)$ となり，ベクトル MP

$\ddot{z}$, $\ddot{t}$ がすべて 0 ならば,曲率双曲線は P における世界線の接線と一致し,その場合は $\rho=\infty$ とおかなければなりません.

IV.

物理法則が群 G_c に対し不変であるとしても決して矛盾を生じないことを明らかにするためには,この群の仮定を基にして,物理学を全般にわたって検証する必要があります.この検証は,既に熱力学や熱輻射に対して[12],電磁的現象に対して,最後に質量概念を保持する力学に対して[13],ある程度の成功を見ました.

最後の場合にはまず次のことが問題になります,すなわち世界点 P(x, y, z, t) において速度ベクトルを $\dot{x}, \dot{y}, \dot{z}, \dot{t}$ としたとき,空間座標に関して X, Y, Z なる成分をもつ力は任意の世界座標の変換に際してどう考えたらばよいだろうかと.ところが電磁場で働く力については確実に確かめられた法則[14]があって,その場合には疑いなく G_∞ が許容

は $(\rho, 0, 0, 0)$.原点において $\dfrac{d^2x}{dt^2}=\dfrac{c^2}{\rho}$ が双曲線につき成立し,双曲線と世界線は 2 次の接触をするから $\ddot{x}=\dfrac{c^2}{\rho}$.(訳者)

12) M. Planck, Zur Dynamik bewegter Systeme, Berliner Ber. (1907) S. 542; Ann. d. Phys. 26 (1908) S. 1.

13) H. Minkowski, Die Grundgleichungen für die elektromagnetischen Vorgänge in bewegten Körpern, Göttinger Nachr. (1908) S. 53.

されています．この法則から次の簡単な規則が導かれます．

すなわち力は世界座標の変換の際に

$$iX, \quad iY, \quad iZ, \quad iT$$

なる成分をもつ4元ベクトルが不変に保たれるごとく，新空間座標に関し定められる．ここで

$$T = \frac{1}{c^2}\left(\frac{\dot{x}}{\dot{t}}X + \frac{\dot{y}}{\dot{t}}Y + \frac{\dot{z}}{\dot{t}}Z\right)$$

はその世界点における力の工率を c^2 で割ったものを表わす．

Pにおける力に対し，このようにして定まる4元ベクトルは，常にPにおける速度ベクトルと直交し，これをPにおける力のベクトルといいます．

さてPを通る，一定の力学的質量 m をもつ実体点の世界線を考えましょう．Pにおける速度ベクトルの m 倍を運動量ベクトルといいます．力が与えられたとき質点がどう動くかという法則は次のようになります[15]．

力のベクトルは加速度ベクトルの m 倍に等しい[16]．

---

14) 電荷密度 ρ，速度 $\mathfrak{v}$ なる体積部分に働く力 $\mathfrak{k}$ は

$$\mathfrak{k} = \rho\mathfrak{E} + \frac{\rho}{c}[\mathfrak{v}, \mathfrak{H}]$$

で与えられる．$\mathfrak{E}$, $\mathfrak{H}$ は電場，磁場を表わす．ρ, $\mathfrak{v}$, $\mathfrak{E}$, $\mathfrak{H}$ に対する変換の法則は既知だから，これから $\mathfrak{k}$ に対する変換の法則が導かれる．（訳者）

15) この前後は原文を離れて意訳した．（訳者）

この命題は4つの軸による成分に対する4個の方程式を一緒にまとめたものですが，もともと2つのベクトルは速度ベクトルと直交しているので，4番目の式は初めの3つから導くことができます．先に述べたTの意味からして，4番目の式は疑いなくエネルギー原理を表わします．したがって運動量ベクトルのt軸への成分のc^2倍を質点の運動エネルギーと定義しなければなりません．それは

$$mc^2\frac{dt}{d\tau} = mc^2 \bigg/ \sqrt{1-\frac{v^2}{c^2}}$$

と表わされ，それから付加定数mc^2を引いたものはニュートン力学の$\frac{1}{2}mv^2$という形式と$\frac{1}{c^2}$程度の差を除いては一致します[17]．これによりエネルギーが世界座標のとり方によって変わることが，非常にはっきりとわかります．ところがt軸は任意の時間的ベクトルの方向にとれるのですから，反面においてあらゆる可能な世界座標でエネルギー原理を考えれば，エネルギー原理それだけが既に運動方程式のすべてを含んでいることになります．この事実は前にも述べたcを無限大にした極限，すなわちニュートン力学

---

16) H. Minkowski, 上記論文 S. 107 および M. Planck, Verh. d. Physik, Ges. 4 (1906) S. 136.

17) 2項級数により

$$\frac{mc^2}{\sqrt{1-\frac{v^2}{c^2}}} = mc^2\Big(1+\frac{1}{2}\frac{v^2}{c^2}+\frac{3}{8}\frac{v^4}{c^4}+\cdots\Big)$$

$$= mc^2+\frac{1}{2}mv^2+\frac{3}{8}\frac{mv^4}{c^2}+\cdots \quad （訳者）$$

の公理的建設においても意味があり，その意味において既に J. R. シュッツ[18]によって注意されています．

前もって速度の限界 c が 1 になるように，長さと時間の単位を定めることができます．さらに $\sqrt{-1}\,t=s$ を t の代わりに導入すると[19] 2 次微分形式は

$$d\tau^2 = -dx^2 - dy^2 - dz^2 - ds^2$$

のごとく x, y, z, s につき全く対称になり，この対称性は世界公準と矛盾しないすべての法則に伝わります．したがってこの世界公準の本質を数学的に非常に意義深い神秘的な

$$3.10^5 \text{ km} = \sqrt{-1} \text{ sec}$$

なる式で表わすことができます．

V.

任意の運動する点電荷の起こす作用をマックスウェル，ローレンツの理論にしたがって論ずるときに，世界公準はたぶん最も効果を表わします．

電荷 e なる点電荷の世界線を考え，ある起点から測ったその固有時を導入します．電子により任意の世界点 P_1 に

---

18) J. R. Schütz, Das Prinzip der absoluten Erhaltung der Energie, Göttinger Nachr. (1897) S. 110.
19) ローレンツ変換は x, y, z, s の直交変換となる．（訳者）

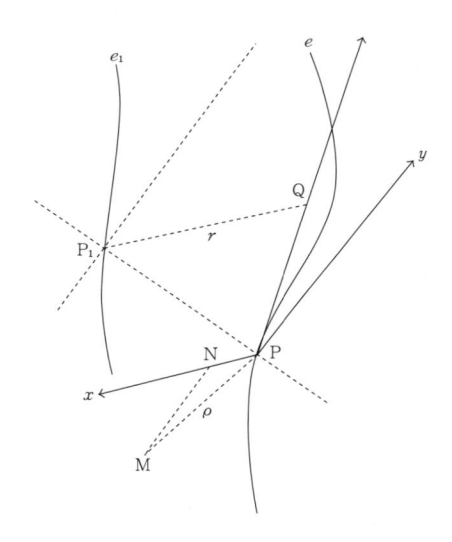

起こされる場を求めるために，P_1 を頂点とする過去円錐を考えます．電子の世界線の接線の方向は常に時間的ベクトルの方向となるので，その接線は明らかに過去円錐とただ一点 P で交わります．P で世界線に接線を引き，P_1 からそれに垂線 P_1Q を引き，P_1Q の大きさを r とします．したがって過去円錐の定義により PQ の大きさは $\dfrac{r}{c}$ となります[20]．そうすると PQ の方向をもち大きさが $\dfrac{e}{r}$ なるベク

---

[20] P_1 を原点，P，Q の座標をそれぞれ (x', y', z', t')，(x'', y'', z'', t'') とする．P_1Q，PQ が直交するゆえ
$$x''(x'-x'')+y''(y'-y'')+z''(z'-z'')-c^2t''(t'-t'')=0.$$

トルの x, y, z 成分が, e により P_1 に起こされる電磁場のベクトルポテンシャルの c 倍を, t 成分がスカラーポテンシャルを表わします[21]. A. リエナール, E. ヴィーヘルト[22] による基本法則はこれに含まれます.

電子によって起こされる場を記述してみると, 電場と磁場との区別は, 基準となる t 軸のとり方に関係して相対的に起こるものだということが自然にわかりますし, またこの 2 つの力を, 力学の力の能率との不完全とはいえある程度までの類推によって, 一緒に記述すれば最も見通しがよくなります.

こんどは任意の運動する点電荷の, 他の任意の運動する点電荷に対する作用を記述しましょう. 世界点 P_1 を電荷

PQ が時間的ベクトルなるゆえ, P_1Q は空間的ベクトルで, P_1Q の長さが r なるゆえ
$$x''^2+y''^2+z''^2-c^2t''^2=r^2.$$
P は過去円錐の上にあるから $x'^2+y'^2+z'^2-c^2t'^2=0$, したがって
$$c^2(t'-t'')^2-(x'-x'')^2-(y'-y'')^2-(z'-z'')^2=r^2.$$
すなわち PQ の長さは $\frac{r}{c}$. (訳者)

21) 特に PQ を t 軸にすれば, ベクトルポテンシャルは零で, スカラーポテンシャルは $\frac{e}{r}$ となる. これは点電荷による静電場である. (訳者)

22) A. Liénard, Champ électrique et magnétique produit par une charge concentrée en un point et animée d'un quelconque, L'Eclairage électrique 16 (1898) p. 5, 53, 106;

E. Wiechert, Elektrodynamische Elementargesetze, Arch. néerl. (2) 5 (1900) S. 549.

e_1 なる第二の点電荷の世界線が通るとします．前と同様に P, Q, r を定め，次に P における曲率双曲線の中心 M を求め，最後に P を通り P_1Q に平行な直線へ垂線 MN を引きます．P を原点として，次のように世界座標軸を定めます．t 軸は PQ の方向へ，x 軸は QP_1 の方向へ，y 軸は MN の方向へ．そうすれば t, x, y に直角な方向として自然に z 軸が定まります[23]．P における加速度ベクトルを $\ddot{x}, \ddot{y}, \ddot{z}, \ddot{t}$, P_1 における速度ベクトルを $\dot{x}_1, \dot{y}_1, \dot{z}_1, \dot{t}_1$ とします．そうすると電荷 e なる第一の運動点電荷が，P_1 にある第二の電荷 e_1 なる点電荷に作用する力のベクトルは

$$-ee_1\left(\dot{t}_1-\frac{\dot{x}_1}{c}\right)\mathfrak{K}$$

となります．ここで $\mathfrak{K}$ の成分 $\mathfrak{K}_x, \mathfrak{K}_y, \mathfrak{K}_z, \mathfrak{K}_t$ に関し

$$c\mathfrak{K}_t-\mathfrak{K}_x=\frac{1}{r^2}, \quad \mathfrak{K}_y=\frac{\ddot{y}}{c^2r}, \quad \mathfrak{K}_z=0$$

の3式が成立し，4番目の条件として，$\mathfrak{K}$ は P における第二の電子の速度ベクトルと直交します．この点だけで $\mathfrak{K}$ は後者の速度ベクトルに関連します[24]．

---

23) かかる座標軸においては

$$\dot{x}=\dot{y}=\dot{z}=0, \quad \dot{t}=1; \quad \ddot{x}=\frac{d^2x}{dt^2}, \quad \ddot{y}=\frac{d^2y}{dt^2}, \quad \ddot{z}=\ddot{t}=0$$

が成立し，Q の座標は $\left(0,\ 0,\ 0,\ \frac{r}{c}\right)$，$P_1$ の座標は，$\left(r,\ 0,\ 0,\ \frac{r}{c}\right)$ となる．(訳者)

24) 上述のごとく座標をとれば，P により P_1 に起こされる電磁場は $E_x=\frac{e}{r^2}, E_y=\frac{e\ddot{y}}{rc^2}, E_z=0; H_x=0, H_y=0, H_z=\frac{e\ddot{y}}{rc^2}$, 電荷 e

この命題を,運動する点電荷相互間の作用に関するいわゆる基本法則を示す従来の公式[25]に比べると,この関係の内部的な本質は,4次元の中で初めて完全に現われるのに対して,最初に与えられる3次元空間には非常に錯雑した射影のみが与えられるということを認めないわけにはいきません.

　世界公準に適合するように改造された力学では,ニュートン力学と新しい電磁力学との間に攪乱を起こした不調和が自らなくなります.なおこの世界公準とニュートンの引力則との関係を考えてみましょう[26].2つの質点 m, m_1 が世界線を描くときに, m から m_1 に作用する力のベクトルが,2つの点電荷のときに与えられたと全く同じ形式になり,単に $-ee_1$ の代わりにこんどは mm_1 が現われるだけであると仮定しましょう.さらに m の加速度ベクトルが常に零となる特別の場合を考えると,そのときは m が静止するように t を選ぶことができて, m_1 の運動は m のみに基づく力のベクトルによって起こります.このベクトルに 1 と $\dfrac{1}{c^2}$ 程度の差しかない $\dot{t}^{-1}=\sqrt{1-\dfrac{v^2}{c^2}}$ なる因子を

　　　に作用する力は　　$k_x = ee_1\left(\dfrac{1}{r^2} + \dfrac{1}{c^3}\dfrac{\ddot{y}\dot{y}_1}{r}\right)$, $k_y = ee_1\left(\dfrac{\ddot{y}}{rc^2} - \dfrac{1}{c^3}\dfrac{\ddot{y}\dot{x}_1}{r}\right)$,
　　$k_z = 0$ で表わされる.（訳者）
25)　Schwarzschild, Göttinger Nachr. 1903, S. 132;
　　H. A. Lorentz, Enzykl. d. math. Wissensch. V, Art. 14, S. 199.
26)　以下の議論は正しくない.重力論はこのように簡単には解決されなかった.例えばこの仮定によれば,水星の近日的移動が実測値よりも小さくなる.（訳者）

付け加えて変形すると，m_1 の位置 x_1, y_1, z_1 およびその時間的変化に関して，再びケプラーの法則が現われて，そこではただ単に時間 t_1 の代わりに m_1 の固有時 τ_1 が現われることになります．この簡単な注意により，ここに述べた新しい力学の引力の法則は，天文的観測の説明に対し，ニュートン力学のニュートンの引力の法則と比べて遜色のないことがわかります．

　物体の電磁的現象に対する基礎方程式は全て世界公準に従います．さらにローレンツが電子論の概念を基にして，これらの方程式を導いたことも，すべてそのまま成立しますが，その話は別の機会に譲ります．

　世界公準を例外なく適用することが，ローレンツにより創始され，アインシュタインにより展開され，ついには全く明白になった電磁的世界像の真の核心であると私は信じます．この数学的推論を進めていけば，やがてこの公準を実験的に証明するに足る十分な指示が現われて，従来の観念を放棄することが面白くなく痛ましく思われる人たちも，純正数学と物理学との間の予定調和の思想によってお互いに和解するでありましょう．

訳者の解説

「空間と時間」という題目は，しばしば哲学者により，最も重要な問題の一つとして論じられてきたのであるが，ミンコフスキーの講演に哲学を期待していただいては困る．

デカルト以来，物理学，数学，哲学は，最も密接な関係を保ちつつ発展したのであった．ガリレイ，ニュートンにより始められた，「実験により発見した法則を，数学によって記述していく」という物理学の構成方法は，解析学の進歩と相まって，力学天文学に驚くべき成果をあげたが，その基礎づけは哲学にとって重大な問題となった．数学と自然科学はいかなる関係にあるのか．かくて「空間と時間」は哲学の重要な問題となった．

カントはそれに対していちおうの解答を与えたかのごとくに見えたが，その後，数学も物理学もカントの考えたようには発展しなかった．学問の各分科は，それ自体次第に完璧になっていくと同時に，それぞれが持つ独自の方法，特徴を次第に鋭く表わして，ついにそれらを共通に覆う論理的な哲学の存在を困難にした．「空間と時間」の問題も，自然科学，数学，形而上学のそれぞれの部分に分裂して，相互の関連は弱くなってしまった．分裂は数学の抽象化により次第に起こっていったが，相対論により時空概念が変更されるに及んで明瞭となった．ミンコフスキーの講演の

劈頭における一言は時空概念の変更を明瞭に言い表わしたものとして記念さるべきである．物理学における空間時間は物理現象を記述するための数学的形式であって，このような事情は一般相対論において重力場がリーマン空間により記述され，量子論において物理現象がヒルベルト空間により記述されることになって，さらに明瞭となった．

特殊相対論は物理法則が常にローレンツ変換に対し不変な形式に表現されるべきことを要求するものであって，時間空間概念はこれにより根本的な修正を受けることになった．

歴史的にいえば，まずニュートン力学はマッハにより十分批判され，その絶対時間，および絶対静止の空間に対して疑いが挟まれた．そして絶対時間，絶対空間と質量概念との関係が明らかにされ，ニュートン力学の中心にいわゆるニュートンの第三法則（作用反作用の法則）があることが明らかになった．それは数学的にいえば，ニュートン力学がガリレイ変換に対して不変なことを認めたことであり，質量はガリレイ変換に対する不変量の最も簡単なものになっている．

その後，電磁場の性質を示すマックスウェルの方程式が確立し，また一方マイケルソン，モーリーの実験が行われた．ところがマックスウェルの方程式とニュートンの力学方程式の間に次第に具合の悪いところが見つかってきた．光は電磁波であるから，マイケルソン，モーリーの実験もその一つに考えてよい．これはひとまずエーテルが地球と

共に動くと解釈されたが、もちろん不満足なものであった．それ以外に絶対速度（絶対静止の空間に対する）を測る方法がいくつも考案されたが、すべて否定的な結果に終わった．数学的にいえば G_c に対して不変な電磁気学と，G_∞ に対して不変なニュートン力学を組み合わせれば、直交変換に対して不変な絶対静止の空間と、絶対時間とが見つかるはずなのである．また一方、質量概念に対する疑いも起こった．マックスウェルの方程式から考えると、電磁波が運動量をもつことが必要であり、実際に光の圧力が実験された．またエネルギーに質量を与える必要も起こり、事実高速電荷の慣性が大なることも実証された．このような事態の下でローレンツがローレンツ変換を発見したが、その意味はよくわからなかった．それはマックスウェルの方程式に対する変換群になっているが、もちろんそのことはわからず、単に光の伝播に関して発見されたのであった．

絶対速度を測ることができぬということは、G_c, G_∞ が両立しえないことを意味している．したがってどちらかを否定しなければならない．アインシュタインは G_∞ を否定したのであるが、それには時空概念の変更を必要とした．それがアインシュタインの偉大な功績である．G_∞ を否定すれば、必然的にニュートン力学、したがって質量概念が変更を受ける．かくして、先に電磁気に関してのみ発見された、質量とエネルギーの関係は一般に成立することとなった．

しかしアインシュタインの結果は面倒で，見通しの悪いものであった．ローレンツ変換が時空 4 次元空間（すなわちミンコフスキーの世界）における微分形式 $dx^2+dy^2+dz^2-c^2dt^2$ を不変に保つ座標変換であることを認め，ユークリッド幾何学が直交変換に対する不変式論であると同じく，ローレンツ変換に対する不変式論として特殊相対論を幾何学化したのは，ミンコフスキーの功績である．彼は 4 次元世界におけるベクトル，テンソルを用いて，力学，電磁気学を簡単に記述することに成功し，特殊相対論を簡明な見通しのよいものにし，かつ時間，空間概念変更の意義を明らかにした．そのためには直観的要素の犠牲を必要としたが，その後の発展にはかかる幾何学化が必要であった．考察の対象が，通常目に触れる現象から離れるに従って，直観的要素が減り，抽象化するのは当然であって，量子力学においてはさらにはなはだしくなった．直観的要素の無視はいたし方ないにしても，ミンコフスキーが講演において，突然 G_c を持ち出しているのは多分に技術的で，物理学的意味を理解しがたい．ミンコフスキーは 4 次元世界の概念や，ローレンツ変換の幾何学的意味を強調するために，かかる発展と逆の順をとったのであろうが，話の内容はかなり形式的になっている．

　特殊相対論は物理法則が満足すべき，一般的な形式を与えるものと考えるべきであることは既に述べたが，そのような形式は我々が測定をする手段，方法により必然的に要求されるものと考えられる．

相異なる2地点で時計を合わせるためや，観測者と相対的に運動する物体の大きさを測るためには，光または電磁波による信号が必要である．光の伝播を用いて，時刻，位置を決定する以上，光の伝播なる現象を不変に保つ範囲内での任意さを，時間，空間がもつべきであるのは当然であろう．一般に測定には，何かを規準にしなければならぬから，規準にしたものを不変に保つ範囲内での任意さを物理法則がもつのは当然である．何を規準にして，いかなる形式に物理学を建設するかは，建設する者の立場によるのであるが，それにより物理学が矛盾なく建設されるかという意味において，その立場は験証される．その意味において，光速度不変の法則は，なかば約束的な意味をもっている．いったいに，相対論のみに限らず，最も基本的な物理法則は，運動量不変則（ニュートン力学の基礎，これを不変に保つのがガリレイ変換である）にせよ，エネルギー不滅則（熱力学の基礎）にせよ，みなかかる規約的な性質をもっている．それらは物理法則というより，それが成立するごとく物理学を組み立てていこうという，一種の指導原理であると考えられる．もちろんこの指導原理は，新事実が発見されるごとに，この指導原理の下に，新事実が矛盾なく記述されえるか，という意味において，絶えず験証を受けるのであるが，積極的否定を受ける恐れはあっても，消極的肯定がなされるのみで，積極的肯定がなされることはない．

　以下，参考までに特殊相対論を簡単に述べておく．ミン

コフスキーの講演を読むに差し支えない程度のみにとどめ，かつなるべく重複を避ける．時空 4 次元世界におけるローレンツ変換を基礎とし，ローレンツ変換で不変な形式に電磁気の法則を表わし，さらにそれと矛盾しないように力学を構成していくのである．

簡単のために，透電率，透磁率をそれぞれ 1 とし，電場を $\mathfrak{E}$，磁場を $\mathfrak{H}$，スカラーポテンシャルを φ，ベクトルポテンシャルを $\mathfrak{a}$，電荷密度を ρ，電流密度を $\mathfrak{i}$ とすれば，次の諸式が成立する．

$$\frac{1}{c^2}\frac{\partial^2 \varphi}{\partial t^2} - \Delta\varphi = 4\pi\rho, \quad \frac{1}{c^2}\frac{\partial^2 \mathfrak{a}}{\partial t^2} - \Delta\mathfrak{a} = 4\pi\mathfrak{i}.$$

$$\frac{\partial \rho}{\partial t} + \mathrm{div}\,\mathfrak{i} = 0,$$

$$\mathfrak{E} = -\mathrm{grad}\,\varphi - \frac{1}{c}\frac{\partial \mathfrak{a}}{\partial t}, \quad \mathfrak{H} = \mathrm{rot}\,\mathfrak{a}.$$

$x = x_1,\ y = x_2,\ z = x_3,\ ict = x_4$ とおけば，1 行目，および 2 行目の式は

$$-\left(\frac{\partial^2 \mathfrak{a}}{\partial x_1^2} + \frac{\partial^2 \mathfrak{a}}{\partial x_2^2} + \frac{\partial^2 \mathfrak{a}}{\partial x_3^2} + \frac{\partial^2 \mathfrak{a}}{\partial x_4^2}\right) = 4\pi\frac{\mathfrak{i}}{c},$$

$$-\left(\frac{\partial^2 (i\varphi)}{dx_1^2} + \frac{\partial^2 (i\varphi)}{\partial x_2^2} + \frac{\partial^2 (i\varphi)}{\partial x_3^2} + \frac{\partial^2 (i\varphi)}{\partial x_4^2}\right) = 4\pi\frac{ic\rho}{c},$$

$$\frac{\partial \mathfrak{i}_x}{\partial x_1} + \frac{\partial \mathfrak{i}_y}{\partial x_2} + \frac{\partial \mathfrak{i}_z}{\partial x_3} + \frac{\partial (ic\rho)}{\partial x_4} = 0.$$

と書ける．湧点を持たぬ非圧縮性完全流体の速度を $\mathfrak{v}$，ベクトルポテンシャルを $\mathfrak{a}$ とすれば

$$-\left(\frac{\partial^2 \mathfrak{a}}{\partial x^2}+\frac{\partial^2 \mathfrak{a}}{\partial y^2}+\frac{\partial^2 \mathfrak{a}}{\partial z^2}\right) = 4\pi\mathfrak{v}, \quad \frac{\partial \mathfrak{v}_x}{\partial x}+\frac{\partial \mathfrak{v}_y}{\partial y}+\frac{\partial \mathfrak{v}_z}{\partial z} = 0$$

が成立するが，この式と上の式とは全く同様な形をしている．この式が直交変換で不変であるごとく，$(\mathfrak{a}_x, \mathfrak{a}_y, \mathfrak{a}_z, i\varphi)$, $(\mathfrak{i}_x, \mathfrak{i}_y, \mathfrak{i}_z, ic\rho)$ を4元ベクトルと考えれば，x_1, x_2, x_3, x_4 の直交変換，すなわち x, y, z, t のローレンツ変換に対して上の式は不変となる．$(\mathfrak{a}_x, \mathfrak{a}_y, \mathfrak{a}_z, i\varphi)$ を $(\varphi_1, \varphi_2, \varphi_3, \varphi_4)$ で，$(\mathfrak{i}_x, \mathfrak{i}_y, \mathfrak{i}_z, ic\rho)$ を (s_1, s_2, s_3, s_4) で表わせば，電磁場の式は次のごとくに書ける．

$$-\sum_{i=1}^{4}\frac{\partial^2 \varphi_j}{\partial x_i^2} = 4\pi s_j, \qquad \sum_{i=1}^{4}\frac{\partial s_i}{\partial x_i} = 0,$$

$$E_x = i\left(\frac{\partial \varphi_4}{\partial x_1}-\frac{\partial \varphi_1}{\partial x_4}\right), \qquad H_x = \left(\frac{\partial \varphi_3}{\partial x_2}-\frac{\partial \varphi_2}{\partial x_3}\right),$$

$$E_y = i\left(\frac{\partial \varphi_4}{\partial x_2}-\frac{\partial \varphi_2}{\partial x_4}\right), \qquad H_y = \left(\frac{\partial \varphi_1}{\partial x_3}-\frac{\partial \varphi_3}{\partial x_1}\right),$$

$$E_z = i\left(\frac{\partial \varphi_4}{\partial x_3}-\frac{\partial \varphi_3}{\partial x_4}\right), \qquad H_z = \left(\frac{\partial \varphi_2}{\partial x_1}-\frac{\partial \varphi_1}{\partial x_2}\right).$$

後の三行は

$$\begin{pmatrix} 0 & H_z & -H_y & -iE_x \\ -H_z & 0 & H_x & -iE_y \\ H_y & -H_x & 0 & -iE_z \\ iE_x & iE_y & iE_z & 0 \end{pmatrix} = (F_{ij}) = \left(\frac{\partial \varphi_j}{\partial x_i}-\frac{\partial \varphi_i}{\partial x_j}\right)$$

が2階逆対称テンソルであることを示している．このテンソルを用いれば

$$\mathrm{rot}\,\mathfrak{H} = \frac{1}{c}\frac{\partial \mathfrak{E}}{\partial t} + \frac{4\pi \mathrm{i}}{c}, \quad \mathrm{div}\,\mathfrak{E} = 4\pi\rho$$

をまとめて

$$\sum_{j=1}^{4} \frac{\partial F_{ij}}{\partial x_j} = \frac{4\pi}{c} s_i$$

と書けるし,

$$\mathrm{rot}\,\mathfrak{E} = -\frac{1}{c}\frac{\partial \mathfrak{H}}{\partial t}, \quad \mathrm{div}\,\mathfrak{H} = 0$$

をまとめて

$$\sum_{\{ijk\}} \frac{\partial F_{jk}}{\partial x_i} = 0$$

と書ける(ただし $\{ijk\}$ は i, j, k の偶順列に関して和をとることを示す).

 以上は電磁場の方程式であるが,さらに場と物体の間には相互作用があって,単位体積に作用するローレンツの力 $\mathfrak{k}$ は次の式で表わされる.

$$\mathfrak{k} = \rho\mathfrak{E} + \frac{1}{c}[\mathrm{i}\mathfrak{H}].$$

s_i, および F_{ij} を用いて書けば

$$\mathfrak{k}_x = \frac{1}{c}(F_{12}s_2 + F_{13}s_3 + F_{14}s_4)$$

となるゆえ, $\mathfrak{k}_x = f_1$, $\mathfrak{k}_y = f_2$, $\mathfrak{k}_z = f_3$, $\dfrac{i}{c}(\mathfrak{v},\,\mathfrak{k}) = f_4$(ただし $\mathrm{i} = \rho\mathfrak{v}$)と置けば

$$f_i = \frac{1}{c}\sum_{j=1}^{4} F_{ij}s_j$$

がローレンツの力を表わす式である．明らかに $i=4$ のときはエネルギーの式を表わしている．この式でわかるように f_i は4元ベクトルであるから，$f_1 = \mathfrak{k}_x = m\dfrac{d^2x}{dt^2}$ とおくわけにいかない．$\dfrac{d^2x}{dt^2}$ は4元ベクトルの成分になっていないからである．それには次のごとく修正するのが適当であろう．

$$f_i = \mu_0 \frac{d^2 x_i}{d\tau^2}.$$

こうすれば，この式はローレンツ変換に対して不変となり，μ_0 は不変量を表わす．相対速度が光速度に比し小であれば，この式はニュートンの力学方程式と近似的に一致し，相対速度が0となれば全く一致する．したがって μ_0 は静止の密度を表わす．この式は単位体積に対するものだから，流体，弾性体の力学にはつごうがよいが，質点，剛体に対する力学方程式を得るにはこれを積分しなければならない．物体の各部の運動が一様だとすれば

$$\int f_i dV = \frac{d^2 x_i}{d\tau^2} \int \mu_0 dV.$$

物体と相対速度0なる座標に関して μ_0 を積分したものを $m_0 = \int \mu_0 dV_0$ と置けば，ローレンツの短縮により

$$\int \mu_0 dV = \int \mu_0 \sqrt{1 - \frac{v^2}{c^2}} dV_0 = \sqrt{1 - \frac{v^2}{c^2}} m_0.$$

m_0 は物体の静止質量を表わすから，物体に対し定まった量である．運動方程式は

$$m_0 \frac{d^2 x_i}{d\tau^2} = \frac{1}{\sqrt{1-\frac{v^2}{c^2}}} \int f_i dV$$

となり，m_0 は定数だから右辺は4元ベクトルとなり，これを K_i で表わす．$\int f_i dV (i=1, 2, 3)$ は物体に働く力 $\mathfrak{K}$ を表わし，$\int f_4 dV$ は $\frac{i}{c}(\mathfrak{v}, \mathfrak{K})$ を表わすから

(K_1, K_2, K_3, K_4)
$$= \left(\frac{\mathfrak{K}_x}{\sqrt{1-\beta^2}}, \frac{\mathfrak{K}_y}{\sqrt{1-\beta^2}}, \frac{\mathfrak{K}_z}{\sqrt{1-\beta^2}}, \frac{i}{c} \frac{(\mathfrak{v}\mathfrak{K})}{\sqrt{1-\beta^2}} \right)$$

となる．これはミンコフスキーの力のベクトルと呼ばれている．$\frac{m_0}{\sqrt{1-\beta^2}} = m$ とおいて，運動の方程式を変形すれば

$$\frac{d}{dt}(m\mathfrak{v}) = \mathfrak{K} \qquad \frac{d}{dt}(mc^2) = (\mathfrak{v}, \mathfrak{K})$$

となる．第一の式より，m は質量を表わすはずであるから，質量が速度とともに増すことを示す．第二の式の mc^2 はエネルギーを示し，付加定数を除けば，近似的に $\frac{1}{2} mv^2$ と一致する．この式はエネルギーと質量の関係を示す．さらに

$$mv_x = P_1, \quad mv_y = P_2, \quad mv_z = P_3, \quad \frac{i}{c}(mc^2) = P_4$$

と置けば $P_i = m_0 \frac{dx_i}{d\tau}$ であり，運動方程式は

$$\frac{dP_i}{d\tau} = K_i$$

で表わされる．P_i はエネルギー運動量ベクトルと呼ばれる．

本書は、一九七〇年六月十日、清水弘文堂書房より刊行された。

ちくま学芸文庫

幾何学の基礎をなす仮説について

二〇一三年十一月十日　第一刷発行
二〇二一年四月十日　第二刷発行

著　者　ベルンハルト・リーマン
訳　者　菅原正巳（すがわら・まさみ）
発行者　喜入冬子
発行所　株式会社　筑摩書房
　　　　東京都台東区蔵前二—五—三　〒一一一—八七五五
　　　　電話番号　〇三—五六八七—二六〇一（代表）
装幀者　安野光雅
印刷所　株式会社加藤文明社
製本所　株式会社積信堂

乱丁・落丁本の場合は、送料小社負担でお取り替えいたします。
本書をコピー、スキャニング等の方法により無許諾で複製する
ことは、法令に規定された場合を除いて禁止されています。請
負業者等の第三者によるデジタル化は一切認められていません
ので、ご注意ください。

©️ TOSHIKO SUGAWARA 2013 Printed in Japan
ISBN978-4-480-09583-1 C0141